U0641114

强者成功法则

冯化志◎编著

民主与建设出版社
· 北京 ·

© 民主与建设出版社，2019

图书在版编目（CIP）数据

强者成功法则 / 冯化志编著. -- 北京：民主与建设出版社，2019.9

ISBN 978-7-5139-2227-2

Ⅰ.①强… Ⅱ.①冯… Ⅲ.①成功心理－通俗读物

Ⅳ.①B848.4-49

中国版本图书馆CIP数据核字(2019)第175043号

强者成功法则

QIANG ZHE CHENG GONG FA ZE

出 版 人	李声笑
编　　著	冯化志
责任编辑	刘树民
封面设计	三石工作室
出版发行	民主与建设出版社有限责任公司
电　　话	（010）59417747 59419778
社　　址	北京市海淀区西三环中路10号望海楼E座7层
邮　　编	100142
印　　刷	三河市天润建兴印务有限公司
版　　次	2019年9月第1版
印　　次	2019年12月第2次印刷
开　　本	880毫米×1230毫米1/32
印　　张	6
字　　数	176千字
书　　号	ISBN 978-7-5139-2227-2
定　　价	59.80元

注：如有印、装质量问题，请与出版社联系。

前　言

强者法则，就是在恶劣的环境中坚强地创造生存空间，在充满争斗的对手中组织强大的团队力量，运用集体的智慧，在强者如林的竞争者中间不断前进、超越。换句话说，强者法则，就是追求卓越的野心，是不屈不挠的毅力；是舍我其谁的自信，是一往无前的勇气；是永不言败的执著，是协同合作的共赢。

在生活中，我们是愿意做一头狮子还是一只绵羊呢？毫无疑问，每个人都会选择做狮子，因为选择做狮子，我们就是一个强者，就会战胜一切障碍，走向成功；选择做绵羊，则会成为一个弱者，往往会处处碰壁，最终接受人生的失败。所以，每个人都希望自己成为强者，因为强者才不会忍气吞声，任人宰割；因为强者才敢于争强斗狠，勇往直前。

那么，到底怎样才能成为一个强者呢？

首先，必须忍得住孤独，耐得住寂寞。人生想要获得成功，必须要付出比别人多得多的努力和时间，尤其是在创业之初，很多时候，别人在休息时，我们还在默默无闻地付出，这种过程是非常孤独的，但如果能挺得过去，我们将会比别人取得更大的成功。

其次，要受得了痛苦，经得住艰难。人生之路从来不是一帆风顺，一路上难免会有很多坎坷、痛苦和磨难。磨难之后如果委靡不振，那么我们的成功之路就会戛然而止，半途而废；反之，如果在挫折面前越挫越强，越挫越勇，那么我们在强者的道路上就会越走越宽。

再次，要顶得住压力，稳得住脚步。人人都知道，没压力就没有动力，但是很多人却在遇到压力时选择了逃避和放弃，迈向了轻松的生活之路。这无疑也会使我们与强者之列擦肩而过。

另外，还要挡得住诱惑，经得起考验。生活中处处都存在着各种各样的诱惑，如果定力不强，这些诱惑会随时影响并阻碍着我们前进的步伐，甚至会让自己迷失前进的方向，陷入庸俗的利益漩窝之中。在种种诱惑面前，我们要坚守自己的理想和原则，哪怕会有短暂的痛苦，也应该坚持下去。

最后，要经得起折腾，受得住打击。每一次的失败，对于一个意志薄弱的人来说，都是一种折磨。它不仅消磨我们的金钱和时间，更能消弱我们的意志。但是，只有经历过风雨才能见彩虹，只有经过无数次的折腾才会让我们体会到生活的真谛。

所以，要成为一个真正的强者，就必须要学会坚强，学会执着，学会永不放弃。在强者眼里，没有过不去的坎，没有攀不过去的山峰。在追求成功的历程中，强者永远不会失去勇气，他们敢于冒险，敢于挑战极限，勇于切断自己的退路。不管遇到任何艰难险阻，都会坚持走完人生道路的全程。

本书从强者的处世生存、竞争法则、团队合作、发展壮大等多方面对强者的成功之道进行了诠释，它既是一本个人生存的智慧之书，又是一本关于团队运作的管理之书，更是一本企业发展应奉行的准则之书。阅读本书，无论是个人或团队，都可以从中找到自己所需要的精神力量和人生之路。让我们立即付诸行动，早日加入强者之列吧！

目　录

第一编　强者的处世生存定律

　　所谓强者，就是不仅能够在事业上获得卓越的成就，也能在生活中处理好各种关系的人。强者懂得生命的可贵，知道珍爱自己；强者懂得自我完善，不会虚度年华；强者不怕挫折和失败，永远自信与坚强；强者懂得学习和创新，轻松能获得智慧与财富。

第一章　强者的生存法则

1. 强者的处世之道

当今世界，是一个竞争激烈的社会，也是强者所控制、主导的世界，无论从前还是现在，这都是一个残酷的无法改变的事实，因为这个世界只有强者和弱者。个人要想成功，企业要想发展，国家要想强大，就需要以强者的心态去适应它，以强者的行为去打造它。

尽管数千年以来，无数仁人志士都想缔造一个公平正义的世界，但是，这种美好理想一直没有实现。因为自然界是一个弱肉强食的世界，大自然要保持生态平衡，就必然要维持现状。

比如说狼是强者，羊是弱者，狼吃羊，是强者吃掉弱者，而羊吃草则避免了草的疯长，也是维持生态平衡。所以，"强者吃掉弱者""强者欺压弱者"是生物界的自然法则。

人类既然属于动物的一种，那就不可避免地要分出强者和弱者。人在个体上存在不平等，体力有强弱之别，智力有高低之分。在人类，不同的社会集团，即国家或民族也有明显的差异，有欧美那样的发达国家，亦有亚非拉那样的落后国家。由于强者和弱者在社会中扮演的角色不同，所以强者和弱者的心理状态也完全不同，他们的所作所为也大不一样。

强者不是天生的，也需要机会、运气、资源、智慧等各种因素，但强者之所以能成为强者，之所以能在竞争的过程中挤掉对手，最重要的就是他们具有坚定的意志和不屈不挠的奋斗精神。

具有这种精神的运动员，会把自己的目标定在世界冠军上，而不是当个省市第一名就够了；具有这种精神的企业家，会把企业的目标定为制造世界一流产品，而不会满足于生产一些廉价商品赚钱赢利。

什么是强者？只有不惧困难，勇于进取，敢于竞争，敢于奋斗的人才可能成为强者。在生活中，我们会看到一些人，他们总是不停地抱怨：今天抱怨邻居在他家窗前搭了个棚子，挡住了他家的阳光；明天又抱怨邻居晚上大放音乐，搞得他无法入睡。他们在背后不停地向别人述说邻居的坏话，一有机会就丑化和贬低邻居，试图通过丑化邻居来让自己窝在心里的闷气能够发泄一下。

事实上，强者依靠自己解决问题，弱者依赖他人解决问题。

邻居如果想在他家窗前搭棚子的话，他会毫不客气地说：你如果敢搭棚子，我就立刻给你拆了；邻居如果大放音乐让他无法入睡，他会毫不客气地说：你如果再不关上音乐，我就去法院起诉你。强者心里没有闷气，对别人有不满就立即找当事人解决，自然没有必要在背后说别人的坏话，更不需要丑化和贬低别人。

一个人被别人打了，对于这个问题强者和弱者有不同的解释。一个具有强者心态的人被别人打了，并不埋怨打他的人，只怪自己的功夫不精，从此苦练本事，认真研究对手的长处和自己的短处，十年后再来比试。

而一个弱者如果被别人打了，只会到处哭诉打他之人的品德如何败坏，把自己的敌人描述成一无是处的恶人。这种丑化敌人的弱者精神胜利法，使弱者既无法真正看清敌人的实态，又不敢正视自己的弱点，因而不能反思改进自己，终究无法摆脱被动挨打的局面。

真正的强者是不惧怕别人更加强大的，真正的强者是善于虚心向别人学习的，国家是如此，个人也是如此。强者拥有自强自立的精神，能站在比别人更高的角度去思考问题，遇事冷静、豁达、临危不乱，敢于面对残酷的竞争，敢于接受各种严峻的挑战而不会退缩。

强者的处世之道，是面对困难时的坚韧，面对绝境时的冷静，更是一种不达目的誓不罢休的坚持。只有这种不计较眼前的成败得失，永远正视前方之路的人才能称为真正的强者。

2. 强者应修炼美好品质

在我们这个社会，人人都追求特质生活的极大丰富，这种做法虽然不能说是完全错误，但也并非是绝对可取的。一个人完全可以在精神生活上丰富自己，修养诚实正直、彬彬有礼、温文尔雅、自尊自爱、自立自强的品质，能够做到这些的人才能成为真正强者。

精神丰富的强者无论从哪方面讲都比物质丰富的强者要强大。借用圣·保罗的话说，前者是"一无所有，但无所不有"；而后者虽然无所不有，但其实一无所有。前者充满希望，无所畏惧；后者无所希望，杞人忧天。

只有精神上的穷人才是真正的穷人。那些失去了一切的人，只要他还有勇气、快乐、希望、美德和自尊，他就仍然是强大的。因为这样的人世界信任他，他的精神主宰他的一切，他可以挺起胸膛，他可以抬头做人，他是一个真正的绅士。

有一个古老但却很有意义的故事。有一次，埃迪加河水突然暴涨，河水漫过了两岸，维罗纳大桥也被冲垮了，只留下中心的桥拱。桥拱上有一幢房子，房子里的居民向窗外呼救，眼看房基就要倒塌了。站在河岸上的斯波尔维里尼伯爵对周围的人说："谁愿意冒险去救那些可怜的人，我就给他100个法国路易。"

一个青年农民从人群里走出来，揽过一条小船，把它推入激流。他把这一家人接上小船，向岸边划去，并把一家人安全地送上了岸。

"这是你的钱，勇敢的年轻人。"伯爵说。

而年轻人回答说："不，我不出卖我的性命。把钱给这可怜的一家人吧，他们需要。"

这是真正的绅士精神，虽然这个年轻人不过是个农民，但他在精神上却很富有，也正是因为如此，在不久的将来他也成为一个在物质上富有的人。

品格良好的人总是一如既往，不管是在众人面前，还是在私下里。当有人问一个男孩，在无人在场的情况下为什么不拿一些梨子放在自己的口袋里，那个受过良好教育的孩子说："不，有人在场，我在看着我自己。我从没想过做一件不诚实的事情。"

　　慎独和良心是成为强者的主要品格，也是强者人格高尚的具体体现。它们时时刻刻积极影响着强者的生活，时时刻刻都在发挥它的作用。

　　没有这种影响，强者就失去了自己的保护，容易在诱惑面前投降，而且每一种诱惑都可能使强者做出卑鄙或不诚实的事情，即使事情很小，也会导致自我的堕落，使强者渐渐的走向衰弱。

　　所以，问题的关键不在于你的行动成功与否，以及是否被人发现，而在于你不再是从前的你，而成了另外的人。你会感到隐隐的不安，你会时时自责，或者说你会受到良心的谴责，这是一个做了亏心事的人不可避免的命运。

　　每个人都应该把拥有良好的品格作为人生的最高目标之一。有了这个目标，人们就有了为之奋斗的动力。当你的品格日益完善的时候，反过来又会给你不断向前的动力。人生应该有一个较高的目标，即使我们实现不了。狄士累利先生说："不向上看的年轻人就会向下看，不在空中翱翔的灵魂注定要匍匐在地。"

　　品格也有假冒伪劣，但真的永远假不了。有些人知道金钱的价值，于是他们制造假币，欺骗那些警惕性不高的人。查特里斯上校曾经对一个以诚实正直著称的人说："我愿意以一千英镑换你的好名声。""为什么？""因为我可以用它赚一万镑。"上校的话足以反映一个问题，那就是精神上的富有会产生巨大的力量，它的力量将会使你变成一个强者。

　　那么，就让我们从现在开始，让我们挺起脊梁，抬头做人，努力去做一个在精神上富有的强者吧！

3. 强者要有自律精神

强者都具有这样一个品质，那就是极其善于控制自己。他们很清楚自律者才能律人的道理，清楚以身作则的作用。所以他们在很多方面都是一个行为的标准。这为他们树立了威望，赢得了他人的拥护，同时也使得很多政策能够很好地被执行。

比尔·盖茨创建并壮大了微软王国，被评为世界首富，他的顶级成就，就是源于他的高度自律。

比尔·盖茨只是哈佛大学的一个二年级的肄业生，他不仅没有计算机专业的博士学位，甚至连本科文凭也没有获得。但是，他却成了"计算机革命的点火人，软件的天才"，他是第一个靠观念、智慧、思维致富的人。

比尔·盖茨的成功与他超强的自律能力是分不开的。正如他本人所说："我个人以为，既然想要做出一番事业，我们就不能太善待自己，只有自律的人，才能够最后取得事业的成功。"

他几乎所有的时间都花在工作和学习上，从不轻易放松自己。在中学的时候，他就靠自学、靠自己的钻研，掌握了高深的计算机技术。比尔·盖茨的成功，再一次验证了西方的那句谚语：成功需要1分天才加上99分血汗。

比尔·盖茨是科学研究者，也是企业家，令人难以相信的是，两个角色他都扮演得极其成功。

比尔·盖茨出生于华盛顿州西雅图市，自小家境富裕，他的父亲威廉·盖茨是一位杰出的律师，母亲是华盛顿大学评议员及第一州际银行董事。为了让孩子接受良好的教育，父母将盖茨送进管教严格的西雅图湖滨私立中学就读。也就是在这里，盖茨接触到了他一生最重要的两样东西——自律的品质与电脑。

自中学8年级起，盖茨便从来没有闲暇时间，经常坐在电脑桌前不知黑夜白天地从事电脑程序设计，经常连续工作十多个小时，然后吃一个汉堡,也不确定是中餐或晚餐,再趴在桌上睡几个小时。他甚至可以免费为别人设计软件,只为了有使用电脑的机会。

1975年的冬天,盖茨从MITS的Altair机器得到了灵感,看到了商机和未来电脑的发展方向,于是就给MITS创办人罗伯茨打电话,说可以为Altair提供一套BASIC编译器。

罗伯茨当时说:"我每天都收到很多来信和电话,我告诉他们,不论是谁,先写完程序的可以得到这份工作。"于是盖茨和他的同伴保罗回到哈佛,从1月到3月,整整8个星期,他们一直待在盖茨的寝室里,没日没夜地编写、调试程序,他们几乎都不记得寝室的灯几时关过。

最后,他们终于成功了,两个月通宵达旦的心血和智慧产生了世界上第一个BASIC编译器,MITS对此也非常满意。两个年轻人,当别人正在花前月下的享受生活的时候,他们却为了自己的梦想,用自己高度的自律精神,把全部的精力投入到事业中去。

一直到后来正式创立微软公司,盖茨才19岁。公司刚起步的时候,冲劲十足、精力充沛的盖茨和保罗根本就不知道什么是疲倦和劳累。他们在一间灰尘弥漫的汽车旅馆中租用了一间办公室,开始了艰苦的创业旅程。

他们挤在那个杂乱无章、噪音纷扰的小空间中,没日没夜地写程序,饿了就吃个比萨饼充饥,实在累得受不了了就出去看场电影或开车兜兜风解困。

盖茨一直是一个以工作狂而著称的人物,即使到了39岁结婚的时候,他还经常加班工作到晚上10点以后,对于以前任何一个亿万富翁来说,这都是不可思议的事。尽管微软公司一向以员工习惯性加班拼命工作而闻名,但那些工作得眼冒金星的员工还是心悦诚服地说,他们之中几乎没有谁能比盖茨更能这样严格地对待自己。

他每周工作差不多60个小时。虽然他每年能够休两周的假,但他还是会利用这个时间来看看软件,以便能够跟上现在迅速变化的形势。比尔·盖茨曾说过："我热爱我的工作，所以我也喜欢长时间的工作。"

他的人生哲学是：我要赢，赢就是我的哲学，赢的本身就是目的；他的目标是：向前，向前，充满活力；他的风格是：永远先人一步；他的胆识是：向万有引力挑战。这些是他取得成功的重要原因。而这些所有的要素，全都靠严格的自律支撑着。

其实，在通往微软帝国辉煌的道路上，盖茨经历过无数次极端痛苦和无奈的选择，每当他的价值观与事实发生冲突的时候，他的自律精神就会立即发挥作用，帮助他维护好自己的事业。

比尔·盖茨证明了自律所具有的强大力量。没有任何人可以在缺少它的情况下获得并维持住成功。甚至可以这么说，无论哪一个强者有多么过人的天赋，如果他不运用自律，就绝不可能把自己的潜能发挥到极致。自律能促使强者步步攀向高峰，也是强者的能力得以卓有成效地维持的关键所在。

4. 强者应有坚韧的毅力

所谓强者就是一个有坚强意志、顽强毅力、遇挫不挠、遇折不断的人。不管是上苍的宠儿，还是人世间的幸运儿，我们的一生都不可能一帆风顺。当有一天不幸叩响了我们人生的大门，我们若能临危而不惧，遇变而不惊，以超然之毅力、坚韧之意志面对困难，战胜困难，那么，我们就算得上是一个强者。

坚强的毅力是成才者必须具备的重要品质之一。

与人类共生共存的狼之所以在地球上生存了几百万年，就是依靠它的顽强与坚韧。由于人类对狼的偏见和憎恨，人类曾经对狼进行过大规模的屠杀，但狼仍然顽强地生存至今。

现在，越来越多的物种从这个星球上消失了，越来越多的物种被人类列入被保护的行列。狼却一直没有被人类驯服，也没有弱小到需要靠人类的保护才能继续在地球上生存下去。

虽然我们不能否认狼群的数量一直在减少（难道这不是野生动物们

共同的命运吗），但在辽阔的草原，在潮湿的热带雨林，在干燥的沙漠，在寒冷的北极，在世界上的每一个地方都有狼群。这是何等顽强的生命，多么令人感慨的物种！

在动物界，狼并不是上帝的宠儿，尤其是在食肉动物中，狼没有丝毫优于其他动物的身体条件。它们没有绝对的速度，也没有庞大的身躯，即使是它唯一的锋利武器——牙齿，也是绝大部分食肉动物都具有的。

狼是不冬眠的动物，它们也很少像其他动物那样贮藏食物。因此，在漫长而寒冷的冬季，它们就必须四处寻找食物。这对狼群来说，是最大的考验。它们的捕食对象，有很多都躲在温暖的洞穴中沉睡，即使是不冬眠的动物，也在洞穴里储存了足够的食物，很少到野外寻找食物。

草原上的狼群，一到冬季，就会由于恶劣的自然条件而被淘汰一部分，但这种淘汰在无形中优化了狼群。经过冬季的考验，生存下来的狼群有着比原来更顽强和坚韧的生命力。

我们不明白狼为什么而活着，这对世界上最聪明的人类来说，也是深奥无解的问题。也许仅仅是为了生存，为了狼群的存在。这并不应该是我们关注的所在，至少在这里是如此。我们应该关注的是：并不被上帝所宠爱的狼，在残酷的自然环境下、在与各种动物你死我活的争斗中、在最可怕的敌人——人类的屠杀后，依然顽强地在这个地球上生存。

狼，的确是地球上生命力最为顽强的动物之一。这正是我们现代人应该关注并认真去思考的。

狄更斯认为："顽强的毅力可以征服世界上任何一座高峰。"富兰克林认为："唯坚忍者始能遂其志。"这些格言，不仅佐证了狼的生存法则，对我们的人生同样有借鉴作用。它告诉我们，越是困苦的环境越能炼造人坚忍的意志，越能有辉煌的成就。

《鲁滨孙漂流记》是在狱中写成的，《天路历程》也是彼特·福特在监狱中写成的。拉莱在他13年的囚禁生活中，创作了《世界历史》。路德幽因在瓦特堡的时候，把《圣经》译成了德文。大诗人但丁被判死刑而过着流亡的生活达20年，他的作品就是在这段时期中完成的。

席勒为病魔缠扰15年，而他的最有价值的作品，也就是在这个时期写成的。弥尔顿在双目失明、贫困交迫的时候，创作了他著名的作品。

一个意志坚强的人，愈为环境所迫，愈加奋勇，不战栗，不遗憾，意志坚定，敢于对付任何困难，轻视任何厄运，嘲笑任何逆境。因为忧患、困苦不足以损他毫厘，反而加强他的意志、力量与品格，使他成为了不起的人物。

被人誉为"乐圣"的德国作曲家贝多芬一生遭到数不清的磨难、贫困，逼得他行乞、失恋，甚至使他耳聋，几乎毁掉了他的事业。可是贝多芬并未一蹶不振，而是向命运挑战！从未放弃自己的事业，他在两耳失聪、生活最悲痛的时候，写出了经典乐曲《命运交响曲》。

华裔百万富翁王安博士赤手空拳在美国打出天下，扬名异域，赢得世人的尊敬。前些年，他出版了自传，奇怪的是他的书名不是叫"电脑巨人""创业奋斗史"之类，而是命名为《教训》。由此可以看出令百万富翁体会最深刻、最能让大家分享的，是他克服逆境的心路历程，而不是事业上那些辉煌成功的时刻。

俗话说："刀靠石磨，人要事磨。"的确，唯有耐得住"事磨"与"心磨"的人，在经过那一番寒心彻骨的历练后，才得以在"山重水复疑无路"之际，机灵地掌握住机会，寻得"柳暗花明又一村"的景象。将事业危机化为转机，进而开启良机。

5. 强者能够挑战自我

一位强者曾经告诉我们：一个人只有确定自己在生活中做最好的自己，才会越来越接近成功，直至最终的成功。他说："财富、名誉、地位和权势不是测量成功的尺子，唯一能够真正衡量成功的是这样两个事物之间的比率：一方面是我们能够做的和我们能够成为的，另一面是我们已经做的和我们已经成为的。"

同样的，每个人的生活都会面临考验我们的信仰和决心的挑战。然而，当挑战到来，我们就会全身心地投入到事业的挑战中去，我们就不会再停留，而是立即采取行动，去与困难作斗争。这样，无论我们在工作中遇到多大的困难，都会自始至终地用积极、理性的态度去对待，都会用坚定的决心和充足的勇气战而胜之。

狼在发现猎物后，一定会千方百计地把猎物捕猎到嘴，否则绝不罢休。它们分工合作，配合默契，一路追踪，一路捕猎，直至猎物成为口中之物。它们不会因为猎物的个头大而畏惧，也不会因为猎物的速度快而放弃，更不会因为猎物的数量多而为难。总之，它们总是群策群力，克难勇进，以最好的自己，最强大的力量去完成最艰难的任务。

巴顿将军有句名言："一个人的思想决定一个人的命运。"不敢向高难度的工作挑战，是对自己潜能的画地为牢，只能使自己无限的潜能化为有限的成就。与此同时，无知的认识会使自己的天赋减弱，不敢去挑战自我，甘于做一个平庸的人，这样的人一辈子会像懦夫一样生活，终生无所作为。

巴顿将军在校期间一直注意锻炼自己的勇气和胆量，有时不惜拿自己的生命当赌注。

在一次轻武器射击训练中，他的鲁莽行为使在场的教官和同学都吓出了一身冷汗。事情的经过是这样的：同学们轮换射击和报靶。在其他同学射击时，报靶者要趴在壕沟里，举起靶子；射击停止时，将靶子放下报环数。轮到巴顿报靶时，他突然萌生了一个怪念头：看看自己能否勇敢地面对子弹而毫不畏缩。当时同学们正在射击，巴顿本应该趴在壕沟里，但他却一跃而起，子弹从他身边嗖嗖地飞过。真是万幸，他居然安然无恙。

另一次是他用自己的身体做电击的实验。在一次物理课上，教授向同学们展示一个直径为12英寸长、放射火花的感应圈。有人提问：电击是否会致人死命？教授请提问者进行实验，但这个学生胆怯了，拒绝进行实验。课后，巴顿请求教授允许他进行实验。

他知道教授对这种危险的电击毫无把握，但巴顿认为这恰是考验自己胆量的良机。教授稍微迟疑后同意了他的请求。带着火花的感应圈在巴顿的胳膊上绕了几圈，他挺住了。当时他并不觉得怎么疼痛，只感到一种强烈的震撼。但此后的几天，他的胳膊一直是硬梆梆的。他两次证明了自己的勇气和胆量。

"我一直认为自己是个胆小鬼，"他写信对父亲讲，"但现在我开始改变了这一看法。"

我们大家都知道巴顿将军毕业于西点军校，对西点学员来说，这个世界上不存在"不可能完成的事情"。不断挑战极限是每个学员的乐趣，只有超乎常人的困境才会让他们从中得到锻炼。而在现实生活中，我们只有具备一种挑战精神，也就是勇于向"不可能完成"挑战的精神，才是我们获得成功的基础。

当然，在挑战自我的过程中，我们需要鼓足勇气，去做自己应该做的事，去充分发挥自己的才干、机智与能力，不以到达终点为最终目的，即使到达终点了也要继续前进，永不休止，勇往直前，不怕失败。尽管在这个过程中会经受人生中所有的艰难困苦，但也要意识到这只是一个过程，只有自己永不言败，永不放弃，向自己挑战，才能走向成功。

看看那些颇有才学的人，他们具有很强的能力，而且有的条件还十分优越，结果却失败了，就是因为他们缺乏一种挑战自我的勇气。他们在工作中不思进取，随遇而安，对不时出现的那些异常困难的工作，不敢主动发起"进攻"，一躲再躲，恨不得避到天涯海角。

他们认为，要想保住工作，就要保持熟悉的一切，对于那些颇有难度的事情，还是躲远一些好，否则，就有可能被撞得头破血流。结果，终其一生，也只能从事一些平庸的工作。

而那些强者则不同，他们有自己的目标，有信心，并且有自己的价值观。在挑战自我时，强者会不断地问自己：我要去哪里？我现在的目标、信仰和价值观在哪里？现在它们要带我到哪里去？我是否正朝着我想要去的地方前进呢？如果我一直照着这样走下去的话，我最终的目的地是哪里呢？

所以说，在强者看来，人生最大的挑战就是挑战自己，这是因为其他敌人都容易战胜，唯独自己是最难战胜的。有位作家说得好："把自己说服了，是一种理智的胜利；自己被自己感动了，是一种心灵的升华；自己把自己征服了，是一种人生的成熟。大凡说服了、感动了、征服了自己的人，就有力量征服一切挫折、痛苦和不幸。"

6. 走向强者的必由之路

人类只有让自身越来越优秀，才能达到人类社会的更高飞跃。适者生存是个人向更高目标迈进的必由之路，也是走向强者的必由之路。

达尔文在《物种起源》中用了大量实例说明：在剧烈变动的自然环境中，能够生存下来的不是最具智慧的，也不是最强壮的，而是最灵活的。

灵活就是适应，最灵活的就是最适应的，道理很简单，却说出了自然界生存的最本质的奥秘。

"变化"是自然界的常态，自然界每时每刻都在发生着或大或小的变化，自然界生命所有的变异和进化都是为了适应环境，为了在新的环境中生存。

动物的"适应"是被动的，而作为具有高级智慧的人类，我们的"适应"可以是主动的。主动权掌握在我们自己的手中。人生活在世界上，总要与他物、他人发生各种各样的关系，或多或少地受制于他物和他人。

所以，我们必须学会适应：适应我们所处的环境、适应我们所面对的压力、适应我们所面对的竞争、适应他人的风言风语、适应领导的批评。

你不愿学会适应这个社会，那这个社会也不会主动适应你。如果你想在这个社会里生存，那首先必须学会并接受这个社会的竞争规则。

这让人不由得想起国人关于"绿色贸易壁垒"的讨论。当时人们义愤填膺，似乎又回到了八国联军入侵的时代，有人甚至提议抵制洋货。其实冷静下来仔细想想，从温州打火机被欧盟封杀到阿根廷取代中国成为蜂蜜第一出口大国，我们就会明白自己在理念上的差距。

厂家不是一直高喊着"顾客就是上帝"的口号吗？那么为何不放下喋喋不休的争吵，去适应挑剔的顾客呢？山东不是已经生产出对15岁以下儿童没危险的打火机吗？华南理工的学生不正是靠研制无苯黏合剂而拥有几亿元资产的吗？阿根廷不也是靠高科技使蜂蜜的抗生素含量达到欧盟标准吗？看来设置绿色贸易壁垒不是刻意地刁难我们，而是为了本国人民的利益，这自然无可厚非。

因此，我们要做的就是去适应这种标准。否则，被淘汰的只能是自己。故步自封只能是愈陷愈深，换一个活法，也就是变革可能海阔天空。

"变化"是客观事实，而"适应"则是一种主观反应。生存需要适合的环境，但个体力量的弱小决定了我们不可能彻底改变大的环境，因此个体的生存需要对环境的适应。

"变革"是人类文明前进的方式，我们要针对不同的情况做出不同的反应。弱者面对新环境、新问题，茫然无措、坐以待毙；而强者总能根据不同的情况，采取不同的策略和行动。

对个人来说，强者能够适应环境的变化而迅速改变自己的观念，并不断随环境之变调整自己的应对策略，使自己尽可能在社会竞争的舞台上开创出一片天地，站稳自己的脚跟。这是市场环境之下的生存之木，也是强者生存的必由之路，只有这样，才能真正造就自己，使自己成为真正的强者。

第二章　强者的自我修炼

1. 用知识给未来铺路

强者应该是有知识的人，没有知识的人，在现代社会将寸步难行，而且绝对不可能快乐地生活。人生最可悲的是，既贫困又没有知识，这样的人一生绝无希望。如果只是贫困，但能不断地追求上进，学习各种知识，那么，通过奋斗还可以改变自己的命运。

一个人求知的欲望是与生俱来的，我们越能尽早地掌握所需的知识，就越能尽快地成为人生强者。智慧人士忠告我们：先填满自己的脑袋，然后再填满自己的口袋，不可本末倒置。知识从来不怕多，就怕"书到用时方恨少"。

培根说："知识就是力量。"他比喻知识像烛光，既能照亮自己，又能照亮别人。而海伦·凯勒则把追求知识比作获得幸福的法宝。卢梭更认为，愚昧无知从来不会给人带来幸福，唯有知识才能给人无限的幸福。好多科学家把学习知识当作取之不尽的源泉，用之不竭的财富，于是终生都沉浸在求知中。他们把学习当作人生的动力，没有一天不读书学习，也没有一刻不学习思考。

在当今时代，我们如果不坚持学习，持续充电，那么很快就会被发展的社会所淘汰，更不要说成为强者。因此，无论在何时何地，每一个现代人都不要忘记给自己充电。只有那些随时充实自己，为自己奠定雄厚基础的人，才能在竞争激烈的环境中生存下去。大多数人从学校毕业进入社会后就放松了学习，这种人以后都很难再有所进步。反之，那些走出校门后从不间断学习的人，才最终会有所成就。

所谓"大器晚成"的人一定是那种保持自觉学习态度的人，他们勤奋学习，踏实进步，自身实力与日俱增，每天都面临着新情况、新挑战，然后在不断解决问题和迎接挑战中充实自己。

一份工作，许多人干一段时间就觉得没意思了，想换一份。而换工作是有条件的，有实力才能换工作，而实力来自我们自己。现代社会的机会很多，我们只要天天学习，就会天天进步。只要进步就有机会，有机会我们的生活就会充满希望。

我们应该用何种态度来对待自己的人生呢？如果因为目前的工作进行得顺利就放松学习，每天优哉游哉地游戏人生，那么，也许离失败已经不远了。学习"如逆水行舟，不进则退"就是这个道理。

与此相反，如果能将这份工作当作一生的事业埋头苦干，不断进取和探索，日日以清新愉快的心情去做自己的工作，不觉得疲倦和厌烦，那么我们的前途将不可限量。我们可以想象，当自己有理想，有抱负，又不至于失去它时，我们的生活是多么丰富多彩，我们的心情又会是何等的轻松愉快。

我们要有一股拿生命当赌注的热忱，并把自己的使命刻在心里，为了完成使命，学会全力以赴地去做、去学、去充电，这样，我们的生命力才会强大，"能量"才会不断地得到补充，生命也会更有意义。

不断学习，不断进步，这一点无论何时何地都不能改变。艺术界的知名演员，都是很有天赋的人，但他们仍会分秒必争地为提高自己演技而认真学习。如果媒体上的影评、剧评指责他们的缺点，他们会一夜不眠地思索自己的缺点。就因为这样，我们才能欣赏到完美的表演。对一个公司员工来说，平时认真地学习和进步也很重要。缺少不断地学习和进步的进取精神，绝对培养不出自己的信心和实力来担任成大事者的工作。

一个前途光明的年轻人随时随地都会注意磨练自己的工作能力，任何事情都想做得高人一等；对于一切接触到的事物，都能细心观察、留意研究，对重要的东西务必弄得一清二楚方肯罢休。

我们要随时随地注意学习做事的方法和待人接物的技巧。哪怕是有些极小的事情，也有学好的必要；对于任何做事的方法，都要详细考察，探求其中获得成功的诀窍。如果把所有这些事情都学会了，我们所获得的内在财富要比那有限的薪水高出无数倍。而我们的工作兴趣也完全在于学习知识、积累经验与磨练能力。

有些人习惯利用晚上的空余时间来研究白天的所见所闻、所思考的工作方法和种种技巧。因为经过这样一番思考、分析、综合，从中得到的益处，要比白天工作所获的薪水高出数倍。我们要明白，由工作所积累的学识正是自己将来成功的基础，也是一生最有价值的财富。

2. 以学习完善自我

现代社会，竞争日趋激烈，知识的更新速度更是不断地加快。在这样一个科技发展日新月异的时代，自我完善显得尤其重要。要想改变自我只能通过学习，不断地完善自己，如此才能在这个世界上占有一席之地，成为生活的强者。

（1）人生因学习而精彩

人生要想完善自我，必须有知识作为后盾。对于一个缺乏知识的人，是无论如何也成不了强者的。学习是成功的资本，这是因为无学将无以致用，所以要做一个以知为本的人。

在知识经济时代，没有知识的人将寸步难行，所以我们必须要随时充实自己的知识。事实上，没有知识并不可怕，最可怕的是没有学习意识，不懂得自我充实的人。现代社会，所有的社会活动莫不依赖于知识，产生于知识，市场竞争早已由产品竞争发展到知识竞争。我们只有不断学习，拥有深厚的知识，才能成为未来社会主义建设的接班人。

人生因学习而变得生动有趣，每个人的一生其实就是学习的一生，我们生命中所遇到的人和事，所得到的经验和教训都是一笔财富。只是有的主动学习总结，有的被动学习不善于总结，这也正是先进与落后最直观的体现与最根本的原因。

不凡之士与庸常之辈的最大区别，并不在于他的天赋和付出，而在于他是否拥有明确的人生目标，只有勇于挑战人生，才能拥有成功的希望。在人生的竞技场上落败的原因，不是缺少信心、能力、智力、只是没有明确的目标或选准目标，且又缺乏坚强的斗志，只有把注意力凝聚在目标上，才能取得可人的成绩，才能为日后的成功奠定坚实的基础。

心中有远大的人生目标，却不愿意为此而努力学习，注定是一种悲哀。目标好像靶子，必须在我们的有效射程之内才有意义，如果目标偏离实际，反而与事无益。我们必须要为目标付出努力，如果我们只空怀大志，而不愿为理想的实现付出劳动，那"理想"永远是空中楼阁。

只有把目标和行动有机的结合起来，才有可能拥抱成功，目标和行动是改变人生的砝码。一个人不管做什么事，具有什么条件，身处什么样的环境，只要专心致志，勤奋刻苦，好学多问，坚持不懈，脚踏实地一步一步地走下去，自然会越来越接近成功的那一天。

如果我们不懂得前进，只知一味地固步自封，那么将永远跟不上时代的变化，最终就会被社会所淘汰，这就是在"赛马中识别好马"的道理。当今社会的人才竞争，说到底是知识的竞争，学习力的竞争。只有在学习中提升自己的实力，将来才能很好地立足于社会。

知识是种热量无穷的强大能量，知识与行动结合起来则会带给人巨大的力量。学知识好比零存整取的银行存款，储存的知识在人生的关键时刻取用，会产生与众不同的收获。

通过学习，还可以使我们养成良好的心态。要知道，人生的失败并不是败给了谁，而是败给了悲观的自己，做任何事情都要有个良好的心态，一个缺乏自信的人，终是一事无成的。唯有自信能使不可能成为可能，使可能成为现实，缺乏自信的人往往会使可能也变得不可能，对于不相信自己的人，前途永远看不见光明。当今时代，选择了学习，就等于选择了改变，选择了正确的人生道路！

（2）通过学习，完善人生梦想

我们身上都背着一个生命的行囊，辛苦地跋涉在漫漫的人生旅途中。梦想是精神的支柱，坎坷则是梦想的梯子。因此，我们必须去正视坎坷，认真学习，用知识来完善我们的梦想，完善我们的人生。

不同的人可能会拥有相同的梦想，然而收获的却是截然不同的人生。在追梦的途中，有人一路鲜花掌声，有人一路荆棘丛生。虽然他们都达到了相同的梦想，但前者缺少了克服磨难的耐力，后者却会拥有饱经风霜和痛苦之后那种成功的喜悦。坎坷，会使我们的生命因之而更加亮丽多彩。

我们是新时代的希望，生活在未来和现实之中，难免会经历彷徨，但只有奋斗了，才会有成功的希望。正因为有了梦想我们才不会在生命的途中迷失方向，从而矢志不渝地坚守着人生的信条。无梦使人贫困潦倒，无志则使人贫贱低劣。带着梦想行走的人一生充实饱满，无梦的人只是生命途中的一具行尸走肉。追梦中我们吸取经验，拓展视野，锻炼能力；梦圆时，我们便可尽情地放声高歌。梦想，会使我们感受到实实在在的存活在这个世界上。

梦想与现实之间遥远的距离，有时可能会让我们想到退却，有时甚至会让我们感到绝望。正因为有了这些坎坷与无奈，我们才会更好的珍惜梦途中的成果。而坚持学习则是实现梦想最现实、最有效的方法。

布伦克特用行动给我们证实了一个真理："如果谁能把3岁时想当总统的愿望保持50年，那么50年以后，他就是总统了。"

人生最大的失败便是因绝望而陷入万丈深渊，最大的胜利则是管理好了自己的梦，使梦想成真。结局中，或许我们并没有达到预期的成就，但是我们为之追求过，努力过，奋斗过；为它哭过，笑过，痛过。即使失败了，我们也可以扬起头问心无愧的说"我不后悔，因为我努力了！"滔滔历史长河，湮没了无数的英雄伟绩，只有那坚定的信念在心间熠熠生辉。努力了，便不再后悔，奋斗了便再也没有遗憾。只要我们为了人生之梦而努力学习了，实践了，我们就做到了人生无悔，那么就已经收获了胜利。

世间万物都需要甘霖进行滋润，梦想需要我们用理智去呵护，用知识去灌注，用行动去支撑。我们不能不顾现实的制约去追求虚无缥缈的梦境，也不能盲目把眼前的一点小利益当成自己伟大的梦想去追求。

让我们从现实的角度出发，从自身的优势出发，脚踏实地，用睿智的眼光正视未来的梦，既不轻言放弃，让梦想随风而逝，也不沉溺其中，让梦想奴役了自己的灵魂。我们既要做梦想的追求者，在梦想的指引下不断地奋斗，也要努力去做梦想的主人，使它成为我们独立决策的指路明灯。

3. 掌握方法，打牢基础

南宋诗人陆游从小学习很独立，善于观察事物，思考问题。他的母亲看到自己的儿子学习用功，劝他不要那么拼命，让他像别的孩子那样有一个快乐的童年。但是他说道："我学习是为了以后能成为一个有才能的人。"于是他一头钻在书堆里，把学习看成是自己的人生，在他的房子里到处都是书，柜中装的是书，床上也是书，他戏称作自己的屋子为"书巢"。他勤于写作，一生留下了9000多首诗，最后成为了我国历史上一位著名的大文学家。

这就是在学习中看到了自我价值，学会自己去独立学习的结果。学习不是为了私欲，而是为了提升自己在生活中的能力。成功并不是永久的，一次的成功并不等于一生都成功，要在不断地学习中寻求自我的价值，必须学会独立地学习。

善于自我学习，自我超越的人，才会时刻看到自己的缺陷与能力的不足，才能不断地完善自我，向成功迈进。而已经成功的人也不能就此停止为自己"充电"，否则终有一天会被后来居上的追求者所打败。因此，当别人在学习、提高的时候，自己绝对不可松懈。

当贝多芬得知自己患上耳疾时，并没有过太多地在意，他认为只是小毛病，慢慢就会好了。可是没想到，他的耳疾不仅没有好转，却越加严重了，结果在1819年，他彻底丧失了听觉，这对于一个热爱音乐，以音乐为梦想和终生事业的人来说是多么大的打击！贝多芬的心彻底碎了。这就好像攀岩时重新被打回到起点，甚至是深渊，刚开始就已与竞争者拉开了距离。然而，贝多芬并没有因命运的严酷打击而就此颓废，他选择了从痛苦与折磨中重新站起来去挑战音乐，努力完成自己的音乐作品，提升自己的艺术价值。

因为贝多芬知道，自己现在的竞争对手已经不再是别人，而是自己。只有战胜自己，改变自己，提升自己才能再次攀登高峰。他的心又重新靠在了希望和坚强这边，他发誓说："我要向命运挑战！我要扼住命运的咽喉，不要让它毁灭！"从此，他努力适应着没有声音的生活，努力编写乐曲，对不幸的命运奋力反击。

贝多芬终于成功了，他在忍受着无声世界的巨大煎熬下，战胜了病痛，在学习和创作中完成了大量令人赞不绝口的交响乐，以及其他一些音乐作品，成为了一位举世闻名的大音乐家和作曲家。

当他指挥乐队在舞台上演奏自己创作的乐曲时，心中无比激动。演奏结束，他看到了会场轰动的气氛，他虽然听不到，但是他可以用心去感受那震耳欲聋的掌声。虽然不是人人都会遇到像贝多芬这样痛苦的遭遇，然而就是因为有太多四肢健全，享受安乐的人，因生活的安逸而忘记了学习，忽略了学习，才一辈子一事无成。

贝多芬成功了，他用不断学习，不断超越自我的心战胜了自己，也战胜了其他人，他比曾经与他一起攀岩的人更早地到达了顶峰。可以说，正是因为这场突如其来的噩耗，让他迸发出了惊人的潜藏了许久的意志力、奋斗力，发掘了自己的才能。

其实，学习的过程就是一个发掘的过程。人的身体之所以能保持健康活泼，是因为人体的血液时刻在更新，人生也一样，学习也是如此。

我们只有不断地从学习中吸收新思想，不断地提升自己独立的决策能力，才能在学习中获得不断改进的方法。困境能帮我们迸发激情，而当我们没有遇到困境的时候，应该觉得庆幸，因为我们站在比别人高的起点，当然也应该取得比别人更高的成就。

（1）不断提升自我价值

学问是没有止境的，人生本来就犹如一张白纸，只有不断地学习，不断地提升自己，才不会被社会所淘汰，才能把这张白纸写满密密麻麻的字体。不要等到"学到用时方知少"。

所以，我们应该在学习中不断地提升自己，不要满足现状，停滞不前，只有不断的为自己充电，我们才有资格走在队伍的前列，才能更好地在社会立足，可能当别人还在摇摇晃晃，慌乱"补课"时，我们已经坐在了成功的交椅上。

现在的时代是一个变革的时代，在整个世界都在变革的大环境下，主动应变胜于被迫改变，这样才能在激烈的竞争中立于不败之地。不断提高自我价值才能提高生活质量与人生的价值，而学习永远是提升自己最行之有效的方法之一。

学习是为了不断地提升自己的智力水平，不断增加自己的知识积累，不断强化自己的各种能力，不断给自己的大脑充电。如果停止了学习，停止了为自己充电，我们就会很快"没电"，而后被社会所淘汰。

特别是在网络信息技术日益发展的今天，无论在何时何地，每一个人都不要忘记给自己充电。俗话说：三人行，必有我师，向身边的每一个人学习，去学习他们的长处来补足自己，时刻提高，步步为"赢"。生命也会就此掌握在你的手中。

（2）学习要重方法

如果我们把学习当作了人生的航船，掌握独到的技巧，那么正确的学习方法就是帆船上的方向和指南针。

学习是一个由浅入深，循序渐进的过程。这个过程有困难也有收获，有苦恼也有喜悦，包含着许多丰富多彩的内容。不管怎样，满意的学习效果无不来源于科学的方法。因为明确的学习目的是学习成功的前提；浓厚的学习兴趣是学习成功的动力；正确的学习方法才是学习成功的保证。

古今中外的无数事实已经证明：科学的学习方法将使学习者的才能得到充分的发挥、越学越有自己的主见，人生就越美好。爱因斯坦总结自己获得伟大成就的公式是：$W=X+Y+Z$。并解释W代表成功，X代表刻苦努力，Y代表方法正确，Z代表独立完成。有良好的学习能力、浓厚的学习兴趣、积极的学习情感、意志和态度，是学习成功的必要条件，而掌握科学的学习方法是取得成功的不二法门。

学习有法，而无定法。凡会学习者，学习得法，则事半功倍，凡不得法者，则事倍功半。找到一套适合自己的学习方法，才能在未来的学习道路上前进更快。

所以如果掌握了正确的学习方法，就会给我们带来高效率和乐趣，从而节省大量的时间，培养了自己的独立能力。而不得法的学习方法，会阻碍才能的发挥，限制了个人的独立意识的发展，给我们带来学习的低效率和烦恼。由此可见，方法在获得成功中占有十分重要的地位。

（3）学会正确的学习方法

周恩来曾说过："加紧学习，就要抓住中心，宁静勿杂，宁专勿多。"学习绝不是简单地将信息塞入头脑，而是需要掌握不同学科的学习方法，知道怎么学或学什么，这样才有效益。但是学习方法应该是因人而异的，不是每个人都能够接受同一种学习方法的，选择一种适合自己的学习方法，不仅能够让自己的学习成绩提高，更重要的是能在好的学习方法中找到学习乐趣，从而游刃有余的驾驭学习。

（4）掌握好的方法，让你的独立能力更强

在数学的考试中，一次，一位学生做一道关于路程方面的数学应用题。很多的学生不会做，但是有一个学生却会做。于是，老师问了这个学生，学生说："路程不是人走出来的吗？所以我是用尺子来标识了这段路的长度。然后根据人们日常的走路来做就轻而易举了。"这下老师才恍然大悟，原来这个学生想到了走路。

从这个问题中可以看出，方法是靠自己去掌握的。好的学习方法其实大多来自于生活中的点点滴滴。每一个人都想找到一种适合自己的学习方法，那么究竟怎样才是正确的学习方法呢？

我国古代伟大的教育家孔子，在学习方法上他主张"学而时习之"，"温故而知新"，"学而不思则罔，思而不学则殆"。这些学习的方法都是值得我们借鉴的。但不论怎么样，正确的学习方法应该遵循以下几个原则：循序渐进、熟读精思、自求自得、博约结合、知行统一。这才是最正确、最科学的。

首先是循序渐进。也就是要系统而有步骤地进行学习。它要求人们应注重基础，切忌好高骛远，急于求成。而这种循序渐进的原则主要体现为：一定要先打好基础，还要做到由易到难，更重要的是应该量力而行。

其次是熟读精思。也就是要根据记忆和理解的辩证关系，把记忆与理解紧密结合起来，两者不可偏废。因为在学习的过程中，谁都知道，记忆与理解是密切联系、相辅相成的。这一点是很重要的。

再次是独立求得。就是要充分发挥学习的主动性和积极性，尽可能挖掘自我内在的学习潜力，培养和提高自己的独立能力、自学能力。切不可为读书而读书，而是应该把所学的知识加以消化吸收，变成自己的东西。

还有就是博约结合。众所周知，博与约的关系是在博的基础上去约，在约的指导下去博，博约结合，相互促进。坚持博约结合，一定要广泛阅读。

最后是知行统一。知行统一就是要根据认识与实践的辩证关系，把学习和实践结合起来，切忌学而不用，光学不练。知行统一要求我们既要善于在实践中学习，边实践、边学习、边积累，又要躬行实践，把学习得来的知识，用在实际工作中，解决实际问题。

4. 珍惜时间，勤奋努力

"你热爱生命吗？那么别浪费时间，因为时间是组成生命的材料。""记住，时间就是金钱。假如说，一个每天能挣10先令的人，玩半天或躺在沙发上消磨了半天，他以为他在娱乐上仅仅花了6个便士而已。不对！他还失掉了他本可以挣5个先令的机会。记住，金钱就其本性来说，决不是不能升值的。钱能生钱，而且它的子孙还会有更多的子孙。谁杀死一头生仔的猪，那就是消灭了它的一切后裔，以至它的子孙万代，如果谁毁掉了5先令的钱，那就是毁掉了它所能产生的一切，也就是说，毁掉了一座英镑之山。"

这是美国著名的思想家本杰明·富兰克林的一段名言，它通俗而又直接地阐释了这样一个道理：如果想成功，必须重视时间的价值。

名人柯维指出，利用好时间是非常重要的，一天的时间如果不好好规划一下，就会白白浪费掉，就会消失得无影无踪，我们就会一无所成。经验表明，成功与失败的界线在于怎样分配时间，怎样安排时间。人们往往认为，这儿消耗几分钟，那儿浪费几小时没什么事，但它们的作用很大。时间上的这种差别非常微妙，要过几十年才看得出来。但有时这种差别又很明显。

贝尔在研制电话机时，另一个叫格雷的也在进行这项试验。两个人几乎同时获得了突破，但是贝尔到达专利局比格雷早了两个小时，当然，这两人是不知道对方的，但贝尔就因这120分钟而取得了成功。

你最宝贵的财产是你手中的时间，好好地安排时间，不要浪费时间，请记住浪费时间就等于浪费生命。时间的特点是，既不能逆转，也不能贮存，是一种不能再生的、特殊的资源，因此柯维认为："一切节约归根到底都是时间的节约"。

时间对任何人、任何事都是毫不留情的，是专制的。时间可以毫无顾忌地被浪费，也可以被有效地利用。有效地利用时间，便是一个效率问题。也可以说，效率就是单位时间的利用价值。

人的生命是有限时间的积累。以人的一生来计划，假如以80高龄来算，大约为70万个小时，其中能有比较充沛的精力进行工作的时间只有40年，大约15000个工作日，35万个小时，除去睡眠休息，大概还剩20万个小时。生命的有效价值就靠在这些有限的时间里发挥作用。提高这段时间的工作效率就等于延长寿命。显然，"效率就是生命"也是无可非议的。美国麻省理工学院对3000名经理作了调查研究，发现凡是优秀的经理都能做到精于安排时间，使时间的浪费减少到最低限度。

《有效的管理者》一书的作者杜拉克说："认识你的时间，是每个人只要肯做就能做到的，这是一个人走向成功的有效的自由之路。"根据有关专家的研究和许多领导者的实践经验，驾驭时间、提高效率的方法可以概括为下列五个方面：

（1）善于集中时间

切忌平均分配时间。要把有限的时间集中在处理最重要的事情上，切忌不可每样工作都抓，要有勇气并机智地拒绝不必要的事、次要的事。一件事情来了，首先要问："这件事情值不值得做？"决不可遇到事情就做，更不能因为反正做了事，没有偷懒，就心安理得。

（2）善于把握时间

时机是事物转折的关键时刻。抓住时机可以牵一发而动全局，以较小的代价取得较大的效果，促进事物的转化，推动事物向前发展。

错过了时机，往往会使到手的成果付诸东流，造成"一着不慎，全局皆输"的严重后果。所以，成功人士必须善于审时度势，捕捉时机，把握"关节"，恰到"火候"，赢得时机。

（3）善于处理两类时间

对于一名成功人士来说，存在着两类时间：一类是属于自己控制的时间，称作"自由时间"；另一类是属于对他人他事的反应的时间，不由自己支配，称作"应对时间"。

两类时间都客观存在，都是必要的。没有"自由时间"，完全处于被动，应付状态，不能自己支配时间，一定不是一名有效的领导者。但是，要完全控制自己的时间在客观上也是不可能的。没有"应对时间"，都想变为"自由时间"，实际上也就侵犯了别人的时间。因为个人的完全自由必然会造成他人的不自由。

（4）善于利用零散时间

时间不可能集中，往往出现很多零散时间。要珍惜并充分利用大大小小的零散时间，把零散时间用来从事零碎的工作，从而最大限度地提高工作效率。

随着人类社会生产的发展，特别是科学技术的提高，时间的价值犹如核裂变反应，正以几何级数成倍增长。现代一台纺纱机一小时纺的纱，抵得上古老的纺车"嗡嗡"响一年；拖拉机一人一机一天，能干完牛拉犁几个月的工作量；乘超音速飞机数小时可以从西半球飞到东半球，而当年周游一国竟要耗去大半生的时间。现在，一小时所创造的价值，比古代不知要高出多少倍。

托夫勒在谈到电子计算机所起的深刻作用时曾指出："20年来，用术语来说，计算机科学家已经经历了从毫秒至毫微秒，几乎是超越人类想象能力的对时间的压缩。这也就是说，一个人的全部工作寿命，每年2000小时，40年，就算80000个工作小时，可以压缩为4.8分钟。"

社会学家曾估计："今天社会在三年内的变化相当于20世纪初30年内的变化、牛顿以前300年内的变化、石器时代3000年内的变化。"时间的增值效应，正在引起一连串的链式反应，涉及到社会的各个方面。

在工业上，丧失一分一秒，就可能倒闭破产。正如美国汽车大王福特二世所说的那样："企业成功与高速度之间的关系，比起与任何其他几个因素之间的关系来都要密切。"

至于商业，更是争时如争金。为了捕捉瞬息万变的商业信息，日本贸易振兴会不惜巨资，在全世界182个地方设立了调查点，按不同的商品和地区进行分类、出版专门性的商业情报杂志，并开展"委托调查"的业务，根据企业的委托要求，利用海外情报网络有针对性地组织商场调查，收集信息。

信息在人类社会发展中的重要作用，以及现代社会进入"信息社会"的新形势，要求我们每个人在时间运用上要运筹帷幄，精心安排、组织工作，珍惜时间，善用时间。只有这样，在激烈的竞争中，才能立于不败之地。

5. 战胜自我，努力进取

在人生的道路上，每个人都会遇到很多困难和挫折，这是不可避免的，也是难以回避的。对此，我们应该有一个正确的认识，不能成功了就得意忘形，失败了就悲观颓废。要做到胜不骄，败不馁，要不断在挫折中提升自己，战胜自己，这样才能把人生这局棋走得精彩。

人生就像是一盘棋，怎样去下，每一步要怎样去走，全由自己来掌握。也许会走错棋，也许会走进死胡同，没关系，只要这盘棋还没有结束，一切转机都有可能出现。

关键在于我们能不能战胜自我，能否走出封闭自我的小圈子，找到新的出路，重新开始。拿出你的勇气来，勇往直前，不断进取，相信一定有属于我们的未来。

人生如戏，每个人都是主角，不必模仿谁，我是我，你是你。好好地活着，为自己活着，有梦想就大胆追求，失败也不要放弃。真正的成功，不在于战胜别人，而在于战胜自己。有句话说得好："不会战胜自己的人，是胆小的懦夫。"

突破自我，需要勇气，需要顽强的生命活力。无论你拥有的是健全的身躯还是残缺的臂膀，是优越的条件还是困窘的环境，大胆地拿出你的勇气、你的胆识，去克服困难，克服恐惧，克服失败带给你的消极情绪。

不管你是正在前行中，还是失意时，不要再彷徨，不要再犹豫，对现在的你来说，从失败中找出通向成功的途径，这才是最重要的。

朋友们，只要勇于战胜自己就等于打开了智慧的大门，开辟了成功的道路，铺垫了自己人生的旅途，铸成了一种面对任何烦恼和忧愁都不退却的良好心态。

战胜自己说起来容易，但是真正地做起来要比战胜别人难得多，因而战胜自己，就要有坚韧不拔的意志，要有根深蒂固的信念，要有在逆境中成长的信心，要有在风雨中磨炼的决心。

人的一生，总是在与自然环境、社会环境、家庭环境做着适应及战胜的努力，因此有人形容人生如战场，勇者胜而懦者败；人们从生到死的生命过程中，所遭遇的许多人、事、物，都是战斗的对象。人生的战场上，千军万马，在作战时能够万夫莫敌、屡战屡胜的将军也不见得能够战胜自己。

例如，拿破仑在全盛时期几乎统治半个地球，战败后被囚禁在一座小岛上，相当烦闷痛苦，他说："我可以战胜无数的敌人，却无法战胜自己的心。"可见能战胜自己，才是最懂得战争的上等战将。

要战胜自己很不简单，一般人得意时趾高气扬，失意时自暴自弃；被人家看得起时觉得自己很成功，落魄时觉得没有人比他更倒霉。唯有不被成败得失所左右、不受生死存亡等有形无形的情况所影响，纵然身不自在，却能心神安宁，才算战胜自己。

亲爱的朋友，请你一定要记住，在生命中勇于突破自我，战胜自己，不要放弃自己的梦想和追求，要努力向前！

第三章　强者的生存模式

1. 能够多角度看问题

我们把常规思维的惯性，称为"思维定式"。这是一种人人皆有的思维状态。当它在支配常态生活时，还似乎有某种"习惯成自然"的便利，所以不能否认它的积极作用。

但是，当面对创新时，如若仍受其约束，难免会对创造力产生较大影响。若一个人只在阳光下待着，他就很难看到黑暗；同样，若只待在黑暗中，也很难看到光明。思维也一样，如果一个人只会用一个思维模式来看待问题、处理问题，那他就很容易走进死胡同。

在观看马戏表演时我们会发现，大象往往能安静地被拴在一个小木桩上。事实上，大象的鼻子能轻松地将一吨重的东西抬起来。如果它想逃走，只需要用点儿力就能把木桩拔起！

那么，为什么它不懂得这样做呢？原来，马戏团的大象从幼年时开始，就被沉重的铁链拴在木桩上，当时不管它用多大的力气去拉，这木桩对幼象而言，都太过沉重，自然拉动不了。

慢慢地，幼象长大了，力气也变大了，但只要被拴在木桩旁边，它还是不敢妄动。这就是思维定式。长大后的大象，其实可以轻易地将铁链拉断，但由于幼时的经验一直留存下来，所以它习惯性地认为木桩绝对拉不动，也就不再去拉扯了。

反观人类，也有类似的情况。我们虽然被赋予"头脑"这一最强大的武器，但总是会受到习惯和常规思维的束缚，而经常不敢突破思维定式，因此难以找到解决难题的出路。

其实，对于日常生活中的某些问题，尤其是一些特殊的问题，要敢于打破固有的思维定式。当你在脑海中建立新的思维体系后，问题就会迎刃而解。

我们都有自己的特点，如雷厉风行、优柔寡断、慎思严谨、粗心大意等。条条大路通罗马，不过通往罗马的路各不相同，有的是高速公路，一路顺风；有的是崎岖山路，坎坷而行。

我们不能简单地说，走哪条路是明智的，走哪条路是愚蠢的，因为每个人都有一套自己的思维模式，走哪条路是由我们的固有思维模式决定的。

中国有句名言："横看成岭侧成峰。"意思是在每个角度所看到的山峰是完全不一样的。做事情、想问题也是这样，在不同的思维模式下看问题，所得到的结果也大为不同。

当我们陷入到一个模式中，并苦苦挣扎时，不妨让自己换一种思维，转一个角度，也许"山穷水尽"马上就会"柳暗花明"。面临问题时，我们不要一味地和自己较劲，如果你能换个思维方式想问题，懂得另辟蹊径，相信再难的问题也会迎刃而解。

大量的实践说明，我们之所以在平时会出现许多失误，都是由思维定式造成的。日常生活是多彩的、千变万化的，当一个问题的条件发生质变时，思维定式却会使我们墨守成规，难以涌现出新思维，做出新决策。特别是当新旧问题交替出现，差异性起主导作用时，由旧问题的解决方法所形成的思维定式则往往有碍于新问题的解决。

有一道趣味题是这样的：有四个相同的瓶子，在不放在一起的情况下，怎样摆放才能使其中任意两个瓶口之间的距离都相等呢？

一般情况下，许多人都会按固有的思维模式去任意摆弄四个正立的瓶子，但却毫无头绪。要想解决这个问题就要敢于打破固有的思维定式。

原来，将其中三个瓶子的瓶口放在正三角形的三个顶点上，将第四个瓶子倒过来放在三角形的中心位置，使四个瓶子的瓶口构成一个正面体的四个顶点，答案就出来了。将第四个瓶子"倒过来"，是解这道题的关键所在。

在一定情况下，养成敢于突破思维定式的习惯是我们学习中非常宝贵的，这是我们认识新事物、接受新知识的一种挑战。所以，我们应当在平时自觉养成勇于突破固有思维定式的良好思维习惯，从而创造出更多的奇迹。

许多问题并非太难了，无法解决，而是我们将自己的思维固化了，当我们在一个思维模式中竭尽全力后，再找不出问题的根源和解决的办法，就会接受问题的存在，且熟视无睹。那么，我们如何让自己超越原有的思维模式呢？以下几个方面需要注意：

一是忘记原有的思维习惯。不能忘记旧习惯，新的想法就不能浮出水面。

二是当自己突发奇想时，不要马上否定，而是要积极思考下去。让所谓不合理的想法得到实践的验证，如实验、尝试等。

三是找出问题的关键，然后尝试用不同的办法去解决的可行性。

四是从不同角度思考问题，避免以偏概全。被问题所困时要大胆突破，学会另辟蹊径。敢于另辟蹊径，才会有意想不到的收获。很多时候，经验和思维定式是我们解决问题的最大障碍。

2. 不被传统所束缚

创新与突破几乎可以说是一对孪生兄弟。俗话说"不破不立"，还是很有道理的。人们每进行一项新的发现几乎都需要与旧的传统进行一场斗争，甚至要付出生命的代价。

创新与突破的这种关系，存在于各个领域，甚至存在于我们每个人的生活经历中。一种新制度的建立、一种新产品的诞生、一种新思想的形成，都需要打破常规。

我们每个人都有惯性思维，爱用常用的方式思考，善用常用的行为方式处世，久而久之，就养成了根深蒂固的常规思维习惯，在做事的时候也很少能够创新。

要想快速成长和突破就得创新，必须打破常规思维。而小高斯就是因为具有这种敢于创新、敢于打破常规的精神，所以在小小年纪就发现了等差级数的规律。

有人做过一个试验，将一滴墨水滴在一张纸上，分别让10个大人和10个孩子说说它是什么。10个大人的答案不外乎一个："这是一滴墨水。"而剩下的10个孩子看见了，却争先恐后地说："这是一只甲虫在爬树。""这是一个圆盘。""这是一轮挂在空中的圆月。"……孩子们的回答各有不同，出人意料。

小孩子学知识最自然，最随心所欲，最快乐，人为的成分最少，天性最完美。可是，许多人的思维已经禁锢在某个固定模式之中，似乎正确答案必须经过文字、经验的推证，一定要有据可查，一定只有一个。

诚然，标准让我们知道怎样是"过"，怎样是"不及"，但标准有时却会束缚我们的思想，使我们局于一隅。这时候，我们心目中的标准，就成了束缚我们尽情挥洒智慧的绳子，成了扼杀我们创造力的凶器。

如果不是古板的标准已经在人们心中根深蒂固，当达尔文提出进化论时，世界上就不会有那么多人反对他，认为他以人当牲口；如果不是机械的道理已经成为人们的普遍认识，当英国人琴纳提出以牛痘接种可以免除天花时，世界上就不会有那么多人反对他，提议剥夺他行医的权利，认为他亵渎神灵。

牛顿的地心吸力学说被质疑，哥白尼因日心说的提出惨遭迫害。但时间验证了一切，他们提出的全是科学真理。愚昧的标准让人固执，而伟大的人总是要创造伟大的先例。如果不打破常规，何来时代的进步，何来科技的发达呢？

打破常规，要求我们不为标准所束缚，要求我们有21世纪人才所具备的素质"创新"。这样，我们就可以沉浸在知识的海洋里，我们就可以自由翱翔！

生活中的我们，有着无数梦想，然而我们很多时候都是去走别人走过的路，我们不会去创新，只是一味地重复下去。

我们就像旋转的陀螺一样，踏着千篇一律的节奏，不停地旋转，旋转，总以为自己会转得很好。殊不知，哪怕引得许多人来围观，那都是徒劳，因为我们并没有看到自己想看到的美好远方，而前来围观的人只是来看我们的笑话的。所以，我们要看清现实，适时改变方式，打破常规，挑战自我，转出绚丽的人生。

人生就像一幅画，而我们手中紧紧握着决定线条走向的铅笔。画的完成，需要许多线，如果我们只知道将线无限延长，那么就不会显现出美好刺激的人生。但如果我们打破常规，用铅笔巧妙地增加一些拐点，那么我们就可以画出一幅绚丽的人生画卷。

打破常规，创造新的蓝天；挑战自我，书写美妙乐章！

人人都在奋斗，都在进步，所以为了不被甩开，我们一定不要胆怯，勇于打破常规，才能不断地有所突破。

3. 变不可能为可能

强者的生存模式，有一个主要的方面，就是变不可能为可能。我们正处在青春阶段，精力充沛、富于理想、思想活跃，这个阶段是我们身体和心理迅速发育成熟的阶段。在这一阶段，我们不可缺乏激情。

激情塑造了一个人的灵魂。每个人所能达到的人生高度，无不始于一种内心的状态。只有当我们渴望有所成就，才会冲破限制和种种束缚。"不可能"这个词语，只是我们为自己找的一个放弃的理由。要相信不同的做法就会有不同的结果，没有我们做不到的事情。

其实，在生活中，常常听到"不可能"之类的话语，主要原因是：遇到困难与挫折时不敢去闯，认为自己不行，不可能做好这件事，所以就选择了不相信自己能做到，其实这就等于放弃。

如果你改变这种想法，始终对自己说："我肯定会做到，而且还会做得很好，因为我相信没有做不到的事。"保持炽热的激情，那么你从此就对"不可能"说再见了，你的人生中就不会再出现"不可能"这三个字了。

做一潭绝望的死水，微风吹不起半点儿涟漪，没有生命的存在，更没有未来。做一潭池塘的静水，一片沉寂，无波无纹，最后只落得干涸的命运。一旦我们习惯了平淡的日子，找不到一点儿激情的影子，在潜移默化中，就会渐渐地磨掉个性的棱角，不再向往汹涌澎湃的大海，不再追求惊涛骇浪的刺激。

不要让"无聊""空虚"泛滥，遮住阳光明媚的蓝天。所谓"看破红尘""人生如梦"等遁词只不过是消极者的借口。生命需要激情的支撑，生活需要梦想的点缀。拿起饱蘸激情的画笔，描绘一幅波澜壮阔的人生画卷吧!

激情是追求梦想的冲动,是渴望展现自我的内心力量,疯狂付诸行动的热血沸腾。激情并不是受困于艰难环境的产物,人并非只有陷入困厄的低谷时内心才会唤起抗争的激情。

平淡的日子更应让激情涨满我们的心扉,穿越我们生命的每一个季节。只有依靠激情的挑战,才能一扫平淡的日子以及由安逸的生活滋生出来的慵懒和沉闷。

荆棘鸟扑向尖刺的那一瞬,整个大地都为之动容;《乞力马扎罗的雪》中猎狗向前奔跑被冻僵的那一刻,便化为一座永恒的丰碑。转瞬即逝的流星留下了最闪光的回忆,凤凰在烈火中完成了最美丽的涅槃。

很多事情都证明了,"不可能"只是暂时的,只是人们还没有找到解决问题的办法而已。所以,当我们遇到难题时,永远不要让"不可能"束缚了自己的手脚。

有时候,只要再勇敢地向前迈一步,再坚持一下,再多给自己一些信心,也许"不可能"就会变成"可能"。成功者之所以会成功,就是因为他们对"不可能"多了一份不肯低头的韧劲和执着。

很多人说"我不可能做成",只是对自己没有信心,少了一份进取心,去坚持,去奋斗。如果一个人总是以"不可能"来禁锢自己,那么他注定不会有辉煌,最终将被淘汰。

如果不敢尝试,如果不肯迈出第一步,怎么会有第二步、第三步呢?没有自信,你将会一事无成;拥有了自信,你将拥有巨大的财富。

把"不可能"从我们的人生词典中删去吧,即使我们真的碰到了"不可能",我们也应该这样想:不是不可能,只是暂时还没有找到解决问题的方法。当我们遇到困难和处于逆境时,不要害怕,不要退缩,更不能放弃。

还记得电视剧《大长今》里面,长今说过的一句话吗?她说:"不管是谁,任何人都不能叫我放弃,我绝不放弃!"她就是用这种态度来面对自己的人生，最终取得了人生中真正的成功。

积极进取吧！你的努力会证明你的人生没有什么不可能。

4. 勇于创新，不怕挫折

当今世界，科技进步日新月异。在这种情况下，鼓励创新、推进创新，成为实现发展进步的迫切需要。然而，干任何事情都有可能成功，也有可能失败，创新作为探索性实践更是如此。

创新确实不易，胜败乃平常之事。因此，我们要正确对待创新之路上的挫折。对于创新者而言，成功是一种考验，失败更是一种考验。沉醉于成功的辉煌，往往可能停止前进的步伐；走不出失败的阴影，就会错过成功的机遇。

发明家爱迪生一生失败了上千次，但他从不气馁，直至最后成功。爱迪生的故事启示我们：勇敢无畏，不怕挫折，是实现创新的重要条件。创新是艰难的，不可能一蹴而就，也不会一帆风顺，所以我们要有创新不言败的精神。

创新不言败就是不怕失败、勇于追求胜利。失败与成功，失去与得到，总是相对的、辩证的。有大付出，才有大收获；有大境界，才有大成就。创新是发展的动力。在发展的实践中，失败和挫折在所难免，唉声叹气、因噎废食，只能使我们错失机遇，离成功越来越远。因此，创新就要有一种永不言败的精神和勇气。

创新之路不可能是平坦的，面对挫折的时候，我们应该怎么办呢？这就需要我们培养面对挫折的勇气和抵御挫折的能力。那么，我们应该怎样培养自己面对挫折的勇气和抵御挫折的能力呢？不妨从以下几点做起：

（1）要正确认识挫折，树立正确的挫折观。不要害怕生活、学习中的挫折，要正视它的客观存在。我们要认识到，理想是美好的，但实现理想的过程是非常艰难的；经受挫折是人们现实生活中的正常现象，是不可避免的，社会的进程如此，个人的成长经历也是如此。

有的人总认为生活中的挫折、困境、失败都是消极的、可怕的，遭受挫折后往往悲观抑郁，甚至丧失了生活的勇气。事实上，一个人经受一些挫折并不完全是坏事，它可以成为自强不息、奋起拼搏、争取成功的动力和精神催化剂。生活中许多优秀人物就是在挫折磨炼中成熟，在困境中崛起的。

相反，一个人如果不经历困难和挫折，总是一帆风顺，就会如同温室里的花朵，经不住风霜雨雪的考验，很容易被一时的挫折所压垮。因此可以说，挫折也是一种机会，只要能保持积极乐观的人生态度坦然面对挫折，树立战胜挫折的勇气和信心，就一定能适应任何变化。

我们要多参加一些活动，比如组织故事会、报告会，学习名人、伟人正确对待挫折的态度，并多参加长跑、义务劳动等，逐渐培养自己战胜困难的勇气；平时也多做一些难题，以磨炼自己的意志，培养自己敢于竞争与善于竞争的精神，使自己在面对挫折时不气馁，然后刻苦攻关，勇攀高峰。

（2）要改变不合理的信念。"不合理信念"的观点源于美国心理学家艾利斯的理论。他认为，挫折引起人的挫折感，不在于事情本身，而在于对挫折的不合理认识。根据艾利斯的观点，人既是理性的，又是非理性的。人的大部分情绪困扰和心理问题都是来自不合逻辑或不合理性的思考，即不合理的信念。

个体一旦具有这种信念，就会产生焦虑、悲观、抑郁等不良情绪体验。如"我这次顶撞了领导，以后不管我做得怎样，他都不会给我好果子吃""我吃了官司，这辈子算完了"等。

几乎每个人都存在不合理的信念，这并不可怕。因为人生来就具有以理性信念对抗非理性信念的潜能。如果我们能够认识到自己的信念是不合理的，并主动调整自己的看法和态度，就可以降低挫折感，调整好情绪。

（3）要冷静思考，提出问题，解决问题。面对挫折，勇敢迎接，冷静下来后，你可以给自己提出以下四个问题："我的挫折和烦恼是什么""我能怎么办""我要做的是什么""什么时候去做"。或者可以这样想："究竟发生了什么问题""问题的起因何在""有哪些解决的办法""我用什么办法解决问题"。当一个人能够冷静地提出问题，并寻求解决问题的方法的时候，他就开始向新的高度成长了。

（4）要建立社会支持网络，主动寻求帮助。这既涉及家庭内外的供养与维系，也涉及各种正式与非正式的支援与帮助，包括物质帮助、行为支持、情感互动、信息反馈等。

在大多数情况下，一个人的社会支持网络的规模越大、密度越高，则社会支持力量越强，社会支持的心理保健功效越明显。因此，我们应当从小学习建立一定的社会支持网络，在挫折来临时，主动求助、相互支持，这是克服困难、战胜挫折的有效方法。

（5）要合理运用心理防御机制。心理防御机制是人在面对挫折时自发产生的反应，能帮助人们暂时缓解消极情绪。

常见的心理防御机制有：

转移。转移注意力，暂时摆脱烦恼，如"做另一件有意义的事来忘掉它""想些高兴的事自我安慰"等。

宣泄。如果心中积压了许多抑郁之情，最好以合理的方式发泄出来，如找个好朋友倾诉一下或进行心理咨询。

幽默。这是一种成熟的心理防御机制。人格发展较成熟的人，常懂得在适当的场合，使用合适的幽默方式渡过难关，消除尴尬。

认同。即让自己以成熟的人自居，认定自己同他人一样，立志追求真善美，并确信自己对社会也是有价值的，借此提高个人自我价值，提高自信心。

想象。结合自身在人生旅程的位置，不断憧憬未来，提出更高的动机需求。但又不醉心于幻想，而要立足于现实，珍惜生命的分分秒秒，追求自己生命的价值。

升华。把原始的不良动机、需要、欲望投射到劳动、学习、文体活动中，抛开杂念与烦恼，执着地追求正当的目标，使精神升华。这是应对挫折最积极的态度。法国文豪巴尔扎克说过："力量不在别处，就在我们身上。"面临挫折的朋友，愿你从这句话中，找到战胜困难的力量和勇气。

（6）要培养自信心。自信是心理健康的重要标志，也是一种无敌的精神力量，更是一个人应具备的重要的心理品质。

心理学家普遍认为，自信和勤奋是一个人取得好成绩的两个重要因素，也是我们成才应具备的重要品质。国家的富强、社会的进步需要人们具备这两个重要因素，同样，个人的成长也需要自信和勤奋。在激烈的竞争中，自信心就显得更为重要。

（7）要培养耐受力。所谓耐受力是指当个体遇到挫折时，能积极自主地摆脱困境并使其心理和行为免于失常的能力。积极的心理耐受力源于个人的心理韧性。

所谓心理韧性是指个体认准一个目标并长期坚持向这一目标努力，在此过程中，做事不虎头蛇尾，不半途而废，不达目的绝不罢休。如果你具有百折不挠的毅力、坚韧不拔的意志、矢志不移的恒心和乐观自信的精神，那么你的抗挫折能力自然就强，对挫折的适应能力也强。这是我们走向成功的必备素质。

总之，创新是一个艰难而又艰险的过程，是一个不断摸索规律的过程。规律往往隐藏在事物的内部，只有反复观察、探索和尝试，并加以总结归纳，才能发现和认识。

在科学发展的进程中，我们要敢于创新，敢于尝试，敢于突破禁区，敢于在无疑处存疑。无限风光在险峰。要实现梦想，就要在创新中奋勇登攀、不断追求卓越。让我们一起创新吧！

5. 敢于挑战权威偶像

我们经常听到一些人嘀咕：创新虽好，但创新的路不好走。还有人认为，创新是权威们的事，一个普通人搞创新谈何容易。其实，权威并没有什么神秘，我们也可以成为权威。我们要尊重权威，而不迷信权威，才能够有所创新，有所突破，取得前所未有的成功。我们应该敢于把目标定得高远，敢于挑战权威！

国际象棋有一种比赛，简称"卫冕战"。如果某人赢得了冠军，就被誉为"皇帝""皇后"，同时，他就有义务接受别人的挑战。有的是选拔实力最强的代表来对阵，有的是组织声名鹊起的战将轮番来冲击。

冠军经受挑战的考验，"卫冕"成功，权威更大；反之，"冕"被人家夺走，权威便转移了。取得最高权威的人，没有权力拒绝别人的挑战。谁拒绝，就判定谁失败，这是毫不客气的规则。

新生力量，后起之秀，要登上宝座，成为新的权威，只能以挑战者的姿态出现。不敢挑战权威，就永远不能成为权威。只有挑战权威，才有可能成为权威。"卫冕"的仅一人，挑战的有一群。这种竞赛，高高举起了挑战权威的旗帜，高高张扬着挑战权威的精神。

古今中外，凡是能做出一番大事业、取得一番大成就的人，无不具有创新思维，没有创新就没有发展，而做事要想获得成功，必须懂得"发展才是硬道理"的道理。因此，做人一定要敢于挑战权威、打破常规，运用自己的创新思维，出奇制胜。

权威是经过一番考验，已为众人所认可的根深蒂固的东西。它值得我们学习，但是权威也并不是完美无缺、牢不可破的，要成大事就要敢于挑战权威，战胜权威。

不去挑战权威，为权威所震慑，那么做事必难成功。一个人如果在权威面前，奴颜婢膝，点头哈腰，那么只能生活在人家的阴影里，最多只能成为一个复制人，不可能成就任何自己的事业。所以说，要成大事就一定要能脱离权威的阴影。权威也会犯错误，合理的怀疑是科学进步的动力。怀疑代表了一种对于现实存在所具有的不确定性倾向，在科学活动中，表现为对权威在新的条件下失去信任，对其重新进行审查、检查、探索的一种理论思维活动。

怀疑产生于人们认识中的矛盾，怀疑是问题的源泉，也必然是创新的萌芽。在怀疑中发现原有理论或技术的不足，在追求真理的过程中要勇于挑战权威，勇于创新才能完成。

我们在生活中也应如此，不要认为专家的答案就是完全正确的，不要迷信权威，要敢于用自己的实力向权威挑战。怀疑是为了创新，为了发展，最终是为了超越权威，造就新的权威。对权威的轻视是无知的，对权威的迷信则是盲目的，有时对权威的怀疑恰恰是创新的起点。

英国的洛德·开尔文是一位极富革新精神的物理学家，但晚年却宣称"X射线将会被证明是一种欺骗""无线电没有前途"。

伟大的科学家爱因斯坦，曾竭力反对玻尔等人提出的量子力学统计解释，他也曾断言"几乎没有任何迹象表明能从原子中获得能量"。以太网的发明人罗伯特·梅特卡夫曾打赌"互联网在2000年前会出现瘫痪"。凡此种种，都说明了一个问题，那就是：权威也会犯错误。所有的事实都不是绝对的事实，它总是有相对情况而言的，所以，说出"绝对"二字的时候，大部分情况下就已经错了。

权威也会犯错误，我们千万不要被权威束缚了头脑，创新往往就是从怀疑权威开始的。我们要明白，在做学问的时候，要有一颗怀疑的心，这对提出新见解、新理论有着重要的意义，尤其是对权威要勇于怀疑，勇于突破权威建立的旧模式，破旧立新。

当然，挑战权威，说起来容易做起来很难，必须靠真才实学，下一番苦功夫才行。俗话说，"没有金刚钻别揽瓷器活儿"，挑战权威，不仅需要胆略、自信，还需要下功夫和毅力。

不过，当我们成为挑战权威的赢家时，我们也就成了新的权威了！朋友们，让我们一起努力吧！

6. 挖掘潜能，营造辉煌

人们常说，是金子总会发光，可是如果我们只是一块普通的石头呢，也能发光吗？答案是肯定的。只要给它一个独特的环境并进行激发，就算是一块普通的石头也会爆发出惊人的能量，闪耀出它璀璨的光芒，这光芒就是我们潜在的能量！

潜能是以往遗留、沉淀、储备的能量。科学家认为，自然界不仅仅只有人和动物具有各种不为人知的潜在的能量，就是普通的石头也具有可开发的能量，关键是如何把它给激发出来。

为了研究某些能量是否可以通过特殊的环境激发出来，科学家们通过对宝石，如玉石、钻石等自然界矿物质进行了研究，研究结果表明，许多矿物质的形成都是通过高温、高压等各种环境激发的。

科学家们为此做了一个非常有趣的实验：把普通的硅石加入一些稀有元素，模仿火山爆发时的能量和环境，用高温高压去激发，竟然发现了一种可以储存光能的物质，也就是说它能把太阳光、普通灯光的能量储存起来，在没有光线的地方释放出光芒。

科学家根据这种能吸引能量和释放能量的物质特性，把这种合成石头称为潜能能量石，俗称发光能量石，这种合成石头受外部能量的激发，导致内部结构的变化而实现发光的功能。

更重要的是，由于它无毒、无害、无放射性，通过能工巧匠们的精雕细琢和打磨，成为一些人自我暗示潜能激发的信物。

它的出现，不仅仅是高科技的结晶，更是给了我们一个非常重要的启示：普通的石头都可以在特定的环境下被激发出潜在的能量，而变得有吸引力，何况是人？

我们每一个人，在一些特定情况下，比如生命危急时刻、亲人遇险的时候，潜能都会得到激活，做出平时根本做不到的事情！

人的潜能有着超乎寻常的力量，曾有报道说，有一个人为了逃命跳过了宽达4米的悬崖。所以说在某种环境下，在某种压力下，人的潜能就会充分发挥出来，创造出不可预知的奇迹。

人体内所隐藏的潜在力量，是一种超越时间、跨越空间的能力，有时，人们只能用奇迹或超能力来解释这种神奇的力量。如果一个人懂得如何充分地挖掘自己潜在能力，那么他就几乎就没有达不成的愿望。

那么潜能是什么呢？潜能，就像一座蓄势待发的火山，虽然我们不能时时看到它的喷发，但岩浆无时无刻不在地底涌动。潜能就像一个宽广而深邃的水库，只要你一拉闸门，它将波涛汹涌，一泻千里。

潜能就是你灵魂深处的一种力量，只要你能发现它，并勇敢地展示出来，它将使你都不敢相信自己竟有如此巨大的能量。

朋友，你知道吗？每个人都是一座未开掘的金矿，是金子总会发光，努力去挖掘自己的金矿，你才能让自己此生无憾。

蜜蜂羡慕雄鹰能够搏击蓝天、自由翱翔，却没有意识到自己能传播花粉，使大自然五彩缤纷、果实累累；沙砾羡慕碧玉青翠欲滴、价值可观，却没有意识到自己能成就平坦大道和万丈高楼；丑小鸭羡慕白天鹅洁白无瑕、万般美丽，却不知道自己正焕发出独特的风采。

相反，山楂不因苹果的硕大而畏缩，于是为金秋捧出簇簇红果；小溪不因江河的浩瀚而干涸，于是唱出了曲曲欢歌；野花不因牡丹的艳丽而自卑，于是点缀了漫山遍野处处芳香。

当老年的卢梭把孤独的身影留在香榭丽舍大街，留在巴黎郊外的草丛中时，几乎所有的人都认为他已没有了风采，已完成他的登峰造极的人生而走向天国的花园。

没有人去问候这位老人，也无人去探求他那曾倾倒一代人的心底是否还闪着火花，更没有人去留意这位孤独者会留给时代什么东西。

然而杰出的才华并不因为抛弃、埋没而消失，卢梭用他充斥着生命热血的心灵爆发出了所有潜能，用哲人的思考和想象留下了盖世无双的佳作。卢梭是一个真正认识自己、把握自己的智者，因为他知道平静的火山往往会爆发出惊人的能量。

不用仰慕山的高度，只要挖掘自己的潜力，你尽可以塑造生命的高度；不用惊叹海的深度，只要挖掘自己的潜力，你尽可以开拓灵魂的深度。相信自己：是金子，总会发光的！

潜能，是我们生命里的一种脉动，发现它、挖掘它，它将使我们的青春、我们的生命绽放灿烂的光芒。多给自己一点儿刺激，多一点儿信心、勇气、干劲，多一分胆略和毅力，我们就有可能使自己身上处于休眠状态的潜能发挥出来，创造出连自己也吃惊的成绩来。

每天都告诉自己，石头也会发光，更何况，我们是这个世界上独一无二的人，相信自己，别人行，我们也一定行！相信就是力量，一切皆有可能！

第四章　强者的交流合作

1. 主动与他人合作

我们任何人在这个世界上都不是孤立存在的，都要和周围的人发生各种各样的关系。你是学生，就要和同学一起学习，一起游戏，共同完成学业；你是工人，就要和同事一起做工，共同完成工厂的生产任务；你是军人，就要和战友一起生活，一起训练，共同保卫我们的祖国……总之，不论你从事什么职业，也不论你在何时何地，都离不开与别人的合作。

那么，什么是合作呢？合作，顾名思义，就是互相配合，共同把事情做好。世界上有许多事情，只有通过人与人之间的相互合作才能完成。一个人学会了与别人合作，也就获得了打开成功之门的钥匙。所以，人们常说：小合作有小成就，大合作有大成就，不合作就很难有什么成就。这是非常宝贵的人生道理，所以，我们应该牢牢记住。

合作精神是可贵的！在我们的生活中，一个人的力量是很有限的，正所谓"孤掌难鸣"。所以，要想做事成功，我们就要主动与人合作。

合作是和谐而又美好的，是没有硝烟。大雁整齐的飞翔告诉我们要团结协作。蚂蚁齐心协力的生活告诉我们一人力量小，百人力量大，团结合作就是力量。"人"字的结构，就是互相支撑。就是说一个由相互联系、相互制约的若干部分组成的整体，经过优化设计后，它的整体功能能够大于部分之和，产生1+1>2的效果。

在现实生活中，人是离不开人与人之间合作与相处的。人也无法离群索居，一生要与形形色色的人合作、相处，你只要懂得如何与大家和谐合作与相处，生活就像春天般明媚、秋天般殷实，采撷到的是一串笑意盈盈的果实，反之，则收获到的是伤痕累累的遗憾。

合作，我们从多方面来看，都是一种力量的象征。

从语文上说：合作就是字与字组成的词，字与词组成的句。

从数学上讲：合作就是点点聚成的圆。

从英语角度看：合作就是字母拼凑的单词。

从物理角度说：合作是让杠杆的动力臂大于阻力臂的智慧。

从化学角度想：合作就是物质与物质产生的化学反应。

从政治角度讲：合作就是人民相互配合产生的集体力量。

从历史角度望：合作就是前人智慧凝结的万里长城。

从地理上说：合作就是经纬线相交而形成的地理位置。

从生物角度上说：合作就是团结一心，保护领土不被侵犯。

从古至今，一个国家或民族的成功，往往离不开国家之间的合作。试想，战国时期如果没有六国合纵之计，它们又如何能抵御住秦国的攻打？三国时如果没有孙刘两家的联手合作，又怎么能有赤壁打败曹操80万大军的辉煌战绩？如果没有协约国间的紧密合作，又如何能打败同盟国，赢得第一次世界大战的胜利？如果没有反法西斯国家的统一战线、紧密合作，又如何能击破法西斯侵吞世界的野心？

这些成功，都是建立在国家间合作的基础之上。由此可见，合作是成功的基石，没有合作就没有成功。

人与人之间，既是一个独立的个体，又是一个密不可分的群体。一个人如果完全脱离社会，那他根本就不可能生存下去。懂得他人的重要性，危机来临时，更要善于与他人合作，才能更快地摆脱危机。

一个人纵然能力再大也总是有限的，再大的本领也需要别人的合作和支持。常言道："生意好做，伙计难处。"合作的前提基础，就是彼此之间互相信任、互相支持、互相理解、互相帮助、互相服务。

"一个篱笆三个桩，一个好汉三个帮。"哲学家威廉·詹姆士曾经说过："如果你能够使别人乐意和你合作，不论做任何事情，你都可以无往而不胜。"合作是一种能力，更是一种艺术。唯有主动与人合作，才能获得更大的力量，争取更大的成功。

随着社会的发展，人与人之间交往日益频繁，既存在着激烈的竞争，又有着广泛的联系与合作。一个缺乏合作精神的人，不仅事业上难有建树，很难适应时代发展的需要，也难在激烈的竞争中立于不败之地。

越是现代社会，孤家寡人、单枪匹马越难取得成功，越需要团结协作，形成合力。从某种意义上讲，帮别人就是帮自己，合则共存，分则俱损。那么，怎样才能卓有成效地合作呢？我们一定在音乐厅或电视里看到过交响乐团的演奏吧，这可算得上是人与人合作的典范了。指挥家轻轻一扬手里的指挥棒，悠扬的乐曲便从乐师的嘴唇边、指缝里倾泻出来，流向天宇，也流进人们的心田。是什么力量使上百位乐师，数十种不同的乐器合作得这样完美和谐？这主要依靠高度统一的团体目标和为了实现这个目标每个人必须具有的协作精神。

如果我们不具备别人所具有的天赋，而别人又缺少我们所具有的才能，通过合作便弥补了这种缺陷。因此，请别抱怨上帝的不公，只要合作我们完全可以取长补短。成功的合作不仅要有统一的目标，要尽力做好分内的事情，而且还要心中想着别人，心中想着集体，有自我牺牲的精神。

每当秋季来临的时候，在天空中我们可以看到成群结队南飞的大雁。雁群是由许多有着共同目标的大雁组成，在组织中，它们有明确的分工合作，当队伍中途飞累了停下休息时，它们中有负责觅食、照顾年幼或老龄的青壮派大雁，有负责雁群安全放哨的大雁，有负责安静休息、调整体力的领头雁。

在雁群进食的时候，巡视放哨的大雁一旦发现有敌人靠近，便长鸣一声给出警示信号，群雁便整齐地冲向蓝天、列队远去。而那只放哨的大雁，在别人都进食的时候自己却不吃不喝。

如果在雁群中，有任何一只大雁受伤或生病而不能继续飞行，雁群中会有两只大雁自发地留下来守护照看受伤或生病的大雁，直至其恢复或死亡，然后它们再加入到新的雁阵，继续南飞直至目的地。

由此可见，在合作之中，牺牲精神是非常重要的，是实现共同目标的重要保证。朋友，现代社会是一个充满竞争的社会，但同时也是一个更加需要合作的社会。作为一个现代人，只有学会与别人合作，才能够取得更大的成功。

2. 遵守互助的原则

强者把"投之以木瓜，报之以桃李。"作为做人的互助原则，在日常生活中，有许多偶然的事情将决定我们未来的命运，但要知道世上没有无源之水、无本之木。

人与人之间相处，你关心别人，别人也会关心你，你的付出一定会换来他人的热情回报和良好关系。当我们与朋友见面时，一句简单的问候，便可沁人心脾，感人肺腑，化解隔阂。

俗话说："人心换人心""将心比心"，若想有真正的朋友，必须懂得互助，懂得尊重人与人之间的关系，这样我们才会关心别人，因他的高兴而高兴，因他的担忧而着急。人际关系的圈子是需要我们这样投入感情去培养的，只有这样也才会赢得真正的良好的人际关系。

有些看似偶然的好运，其实都是一种必然。那只是我们在以前种下的种子，现在开始开花结果。尊重关系，会让我们有种自然去帮助他人的好习惯，帮助他人就等于帮助自己。

人生路上每个人都会遇到各种各样的困难，如果我们能对别人伸出援手，那么，我们得到的将不只是快乐，因为我们搬走了别人脚下的绊脚石，它却可能成为我们做人成功的敲门砖，让我们成为一个强者。

3. 用人缘加强竞争力

现代社会里生存、发展就必须具有较强的竞争力。竞争力是一个综合性的指标，它不仅指才能、素质等方面条件，还与人际关系有重要关联。强者总会有好的人缘，做事时就会得到众人的支持，在竞争中就会处于优势地位。

浙江的白先生经营着一家制鞋厂，他主要是做出口生意，很少内销。白先生常说，"眼睛只盯着钱的人做不成大买卖。买卖中也有人情在，抓住了这个人情，做买卖也就成功了一半。"十几年前，白先生的皮鞋厂还是一个只有几十个工人的小厂，凭着质优价廉勉强在国际市场上混口饭吃。有一次一个法国客商订了50捆皮鞋，白先生按对方的要求包装完毕后运到码头准备发货。就在这时，这个法国客商却突然打来电话，请求退货，原因是由于该客商对当地市场估计错误，这批货到法国后将很难销售。

退货的要求是毫无道理的，白先生大可一口拒绝对方，反正合同都已经签订了，但经过一天的考虑后，白先生却决定答应对方的退货请求。因为对方答应支付包装运输等一切费用，这批鞋由于是外贸产品，在国内市场上应该可以销售得出去，所以白先生等于毫无损失。而最大的好处是他这样做等于是救了法国客商，双方将建立良好的合作关系。

事情果然如白先生所料，法国客商非常感激白先生的大度，表示以后在同类产品中将优先考虑白先生的产品，他还不断地向自己的朋友夸奖白先生，为白先生介绍了很多生意。就这样，白先生以他富有人情味的生意经成功地在国际市场站稳了脚。二三年内，白先生的工厂不断扩建，有500多名工人为他工作，他的生意越做越大。

白先生是非常聪明的，他清楚地认识到人缘对做生意的重要性。如果当时他拒绝了法国客商的退货，那么虽然他做成了一单生意，但却会失去这个客户。而答应了退货要求呢，表面上看他是吃了点亏，但他却交到了一个朋友，孰多孰少，明眼人一看就知道。

现代社会，人际关系给我们个人发展带来的影响越来越大，所以，我们除了要努力打磨自己的才能外，还要注意搞好人际关系，让自己有个好人缘，这样才能适应日益激烈的竞争，并在竞争中壮大自己。

4. 善于结交新朋友

俗话说："多个朋友多条路"。强者拓展自己的人际关系，立足于社会，总会尽可能地多交几个朋友。诚然，朋友多了，视野才更开阔，生活才更充实，自己的事业才会有更快更好的发展。

有一次，在筵席上，罗斯福看见席间坐了许多不认识的人。这些人，对他并没有表示友好的意思，于是立刻想出一个计划，有意用一个简单的问题去问那些不相识者。

陆恩瓦特博士，也是筵席上的客人，那时正坐在罗斯福的旁边，后来他说："我把席间的客人彼此介绍了之后，罗斯福凑近我耳边轻轻地说："陆恩瓦特，请你把坐在我对面那些客人的情形告诉我一些。'于是我把每个人性情特点的大略告诉了他。"于是罗斯福就准备用自己的方式去结识那些他不认识的人，这时他已大致明白了他们每个人的经历，他们最得意的是什么，喜欢什么。

从这一件轶事，我们可以看出罗斯福的"交际天才"是多么高超!陆恩瓦特博士又说："罗斯福明白了每个人的性情以后，立刻就有了对于每一个人适宜的谈话资料。"

为了给这些不认识的人留下深刻的印象，罗斯福不得不麻烦地预先打听他们的情形。这样，他的谈话资料，才能够引起他们的兴趣，而使他们感觉到他能结识他们是很高兴的。于是每一个人在不知不觉间感到很满意，而对他留下了美好的印象。

罗斯福采取这种策略的益处是很大的，后来他做了总统。著名的新闻记者马考逊也曾说过："在每一个人进来谒见罗斯福以前，关于这个人的一切情形，他早已打听好了……人大多是喜欢别人对自己做适宜的颂扬，就等于让他们觉得你对于他们的一切事情都是知道的，并都记在心里。"

许多方法中最简单的方法，就是针对不同的人投其所好采取相应的方法。人与人的不同点，就在于各人的兴趣的不同，只要我们留心研究，是很容易获得供我们利用的资料的。因为形成这些人生活的部分或全部事情是属于人们范围中的事情，是人们所说过、想过或做过的一切事情，个人的习惯、个人的癖好以及个人的意见，是由每个人的性情决定的。

曾经有人把我们大家的生活范围，把我们活动的小宇宙，称之为"人们的游乐场"，这真是很准确的。强人们的交友方式为我们平常人提供了一个很好的借鉴。只要我们掌握别人的心理，用自己的诚心、耐心去打动并影响他人，我们的朋友就会越来越多，就会使我们的友谊之树常青，真正做到我们的朋友遍布天下。

5. 不会忽视关键人物

一个强者，要使所做的事能成功，甚至达到更高的目标，最重要的前提是找到关键人物。如果你找错人，就是你使出浑身解数，到头来还是折戟而归。所以，当下做事最重要就是要确认对你的事情有决定权的关键人物。有些要员你是需要加倍留意的，因为他们对你的事业发展往往是起到非常关键的作用。

汉高祖刘邦本业只是一个无业游民，他不愿从事寻常百姓的工作，反倒结交了众多游侠，当他见到秦始皇出巡的行列时，仰天长叹道："大丈夫当应如此。"从此广交各路豪杰，礼贤下士，将当时的萧何、张良、韩信等几个关键的杰出人才收于自己的帐下，最终打败霸王项羽，成就帝王大业。可以说，大到改朝换代，小到个人的成长，若没有把握好当时的关键人物，王朝是不会兴盛的，事业也不会发达的，人生也不会有太多的成功。

身在职场的人常常会遇到这种局面：身居高位却使自己的"政令"不能通行，想树立自己的威信可又怕伤害官场元老。

想打开局面，盘活职场就先要拿准关键人物，分清谁是元老，谁有后台，谁最有威信。知道他们各自的利益所在，拿准关键人物，这样我们就会便于拿出相应的策略来对症下药。

不忽视关键人物，要有原则和策略，在职场上，有人为了达到自己的目的，不惜违背自己的良知，不择手段、勾心斗角、争权夺利、丑态百出，可能会陷进钻营拍马的魔圈中而不能自拔，弄得自己身心疲惫。我们要善于逆流俗而为，以冷静的心态面对复杂的职场，拿准关键人物，也就拿准了事情成功的关键。

6. 用真情俘获人心

真情无价这句话说得太好了！强者到什么事情都会用善意和真情去对待，多为对方考虑考虑，这样，他们往往会解决好十分棘手的问题。

春秋战国时期，燕太子丹为了国家利益谋杀秦王，可惜找了很久，还是没有找到合意之人。后来有人推荐荆轲，说他是齐国大夫庆封的后人，"乃神勇之人"，而且喜怒不形于色，是一位很好的杀手。

燕太子丹听了这个消息这后，立刻就到酒市里去找到了荆轲，想方设法地来笼络他，给他特别修筑了一座住宅，名为"荆馆"，一切设施在当时都是最先进、最讲究、最气派的了，平日锦衣玉食，精骑美女，真是"姿其所欲，惟恐其意之不适也。"

据说，有一次荆轲与太子丹一块游东宫，看见水池旁边有一个大龟，荆轲一时高兴就拣起一块瓦片掷了过去，太子丹看见后，就赶快让人捧来金丸，让荆轲用来代替瓦片，投掷取乐。

还有一回，荆轲与太子丹一块儿骑马，太子丹的马是一匹日行千里的宝驹，平日十分宠爱。可巧这一天荆轲不知想起什么，忽然说是马肝的味道不错，过了没多一会儿，厨师就给荆轲送来一盘炒马肝，荆轲一问，原来燕太子丹已经把他的宝马杀了，特地取出马肝，来为荆卿下酒。

最令人惨不忍睹的是有一回太子丹请荆轲在华阳台喝酒，并让自己所喜爱的美人出来鼓琴助兴。荆轲忽然看见这位小姐的一双嫩手，洁白如玉，就忍不住说了句"美哉手也"，这也许只是他随口一说罢了，谁想席散之后，太子丹让人送来一个玉盘，荆轲仔细一看，盘中之物竟是剁下来的一双女人之手。

据说，这是太子丹要表示一下："对于您的所好，我是没有什么舍不得的。"而荆轲受了这样几次"知遇之恩"以后，也就颇感动，长叹道："太子遇轲厚，乃至此乎？当以死报之！"从此就死心塌地的愿意替燕太子丹去做行刺秦王政的杀手了。

世间人们表达感情，多讲究赠人以物品，而物没必然情尽。最珍贵的是赠人以情，人生旅程，情始终会装在心中。人间冷暖是人最关心的，人与人的交往也往往就在这情中。赠物品于他并不能暖心，而赠他一份真情，即是寒冬也会觉得暖烘烘，人自然也就归顺我们。

第二编　强者的勇于竞争法则

　　勇于竞争，是强者的生存法则。在我们这个知识经济时代，敢于拼搏、敢于创新、勇于竞争的人才能真正掌握命运的主动权，才能在社会上立于不败之地。生命不止、战斗不已是强者的战斗号角；克难勇进，不断创新是强者的竞争宣言。强者在竞争中求进步，在竞争中求发展，在竞争中体现人生的价值。

第一章　强者心态的塑造

强者心态，是一种面对困难时的坚强，是永不服输的心态，是一种面对困难时的临危不乱，更是一种不达目的誓不罢休的坚韧。一个人只要有了这种强者心态，敢于直面困难和挫折，敢于挑战，成功即可指日而待。

1.坚定地实现自己的野心

一个人走在通向成功的途中，他可以一无所有，但不能没有梦想。一个人若想成功，首先要明确自己最渴望的是什么。当我们确立了人生的目标以后，为了实现这个梦想可能要花上些时日，甚至用毕生的精力去追求。这恰是人生的乐趣所在。

"野心勃勃"的人会强烈地期盼着成功。而成功的人一定要有梦想、有远见、有热情、有执着。有梦想的人必定会对每个目标朝思暮想。对于一个渴望成功并一直为之努力的人来说，最迫切、最渴望的事莫过于确立人生的目标。

对于我们人类而言，一个期待、一个野心、一个企盼、一个悬在眼前的目标，对于未来的人生有着重要意义。热忱和人类的关系，就好像是蒸汽机和火车头的关系，梦想是行动的主要推动力。人类最伟大的领袖，就是那些用梦想鼓舞他的追随者发挥最大热忱的人。梦想也是诸多因素中最重要的因素。

对于梦想的追求，并不是一个空洞的名词，它是一种重要的力量。我们可以予以利用，使自己获得好处。没有这种梦想的支撑，我们就像一节已经没有电的电池。

梦想可以产生一股伟大的力量，我们可以利用它来补充自己身体的精力，并发展成一种坚强的个性。为自己塑造梦想的过程十分简单，首先，从事自己最喜欢的工作，或提供自己最喜欢的服务。

20多年前，一个一无所有的青年踏上了深圳这块热土。他最初在一个建筑工地上当小工。每天带着一身的泥水回到住地。别的工友晚上喜欢凑在一起打扑克、下棋，而他一有时间就读经济学方面的著作，并做了大量的摘录。他给自己制定了一个在当时看起来非常可笑的梦想：我要成为大富翁！

每天早晨和晚上，他向自己说着同一句话："我要成为大富翁，无论我现在正在从事什么职业。"若干年后，这位当时默默无闻的青年，跻身于成功人士之列，他真的成了一名资产亿万的富翁。

不实现目标誓不罢休，目标是人生中最主要的动力，这种动力必须由"梦想、目标、执着"三者结合而来。若想达到这个目标，一定要有热忱，有决心，有骨气，肯苦干，肯付出，肯拼命。有了目标，我们就会朝着这个既定的目标前进。在前进的过程中，我们就会发现，动力和成功其实是两个很相似的概念，如果我们有动力，就会成功。当我们了解自己是一个什么样的人，明确自己要走哪条路，确定自己要走的路，并切实采取行动，我们的路一定会越走越宽。

那些可以明确说出他们梦想的人，比那些对自己想要什么都只有一个模糊概念的人，会有更多的机会去实现他们的梦想。

所以，如果我们想赚更多的钱，就该精确地说出我们想赚多少钱，预定什么时候达到这个目标。如果我们的目标是找一份好工作，就把自己想要干的工作详细写下来。如果我们的梦想是做生意的话，描述一下我们要做哪种生意以及什么时候开始进行。大多数人都只是希望者。做个实现梦想的人吧！做个很清楚自己想要什么的人是很重要的！

2. 敢于向更强者挑战

我们要敢于向比自己强大的对手挑战。只要我们有了敢于向强者挑战的心态，那些原本看来"不可能"的事情，就有可能成为自己的"囊中物"。敢于挑战，实际上就是给自己压力，自己给自己加压。

"没有压力就没有动力"，这是一句至理名言。试想，如果一个人感到生活很轻松，或者说是做一些简单的事情，这样周而复始年复一年，我们能够从中得到什么呢？我们的勇气、意志又如何能培养出来呢？在这种舒适的环境中，只能销蚀一个人的意志，腐蚀一个人的斗志。如果我们把自己的人生过程看作是一种比赛，作为一个优秀的运动员，在训练中只有不断地给自己加码，我们最终才会赢得胜利。

自己给自己加码，还可以养成良好的习惯，避免滋生办事拖拉的坏毛病。一个能给自己不断加码的人，一定会懂得珍惜时间，做事雷厉风行，做事效率也会随之得到提高。

我们现在处于一个竞争十分激烈的社会，压力无处不在。观念改变了，我们要战胜旧的自我；环境变了，我们必须有一个新的姿态；社会进步了，我们面临新的任务和目标；竞争激烈，我们必须全力以赴；人际关系发生冲突或者破裂，我们要收拾残局，重新开始。所有的一切都是压力无处不在的具体体现。

正是这种压力的存在，才使我们有了无穷的动力。

不断给自己加码，也就是在跟自己竞争。"没有一件事比尽力而为更能满足自己，也只有这个时候我们才会发挥最好的能力，尽力而为给我们带来一种特殊的权利。一种自我超越的胜利。"

即使是那些我们认为"不可能"的事情，也要去尝试，要觉得自己是一个一流人物，要对自己有点自信才好。把"不可能"从我们的头脑中去掉。

人是能屈能伸的，我们只要有勇气，敢于挑战，就能产生一种超乎寻常的力量。

有一名年轻的飞机修理师，他工作的这个飞机场离一家动物园很近。一天，这个动物园里一头凶猛的黑熊，挣脱了铁笼发疯地跑了出来。它撒腿狂奔，很快就跑到了机场上。

此时，这个年轻人恰好在机场上修一架飞机，这只熊咆哮着向他冲了过来。年轻人吓坏了，他若不躲就会被熊撕成碎片。可周围没有可以躲藏的地方，想跑又没有熊跑得快，这可怎么办呀？

黑熊离他越来越近，他在恐惧之下，不知道哪来的力量，竟然纵身一跃，在没有助跑的情况下，跳上了离地两米多高的机翼。当跑来援助的人们花了很大的功夫终于逮住黑熊时，这才发现年轻人还惊恐地站在机翼上瑟瑟发抖。

后来这个年轻人在接受记者采访时说，他也很惊讶，他从来没有练习过跳高，不知怎么在当时就跳上两米多高的机翼。事后他又去飞机旁试了试，连机翼的一半高也跳不到。

这个年轻人当时是在强烈的求生欲望的刺激下，激发了潜藏在他体内的巨大潜能，从而使得他逃过一劫，保住了性命。

潜能是人类最大而又开发得最少的宝藏！无数事实和许多专家的研究告诉我们：每个人身上都有巨大的潜能还没有被开发出来。

这种敢于向"不可能完成"的事进行挑战的精神，是获得成功的基础。有很多人有一个致命的弱点——缺乏挑战的勇气。只愿做谨小慎微的"安全专家"，对不出现的那些异常困难的事情，不敢主动发起"进攻"，一躲再躲，恨不得能避到天涯海角。

不敢向高难度的事情发起挑战，是为自己的潜能画地为牢，只能使自己无限的潜能化为有限的成就。与此同时，无知的认识，会使我们的天赋减弱，因为我们像懦夫一样无所作为，不配拥有这样的能力。

"勇士"与"懦夫"，根本无法并驾齐驱、相提并论。

我们在向"不可能完成"的事情发起挑战的时候，假若挑战失败了，千万不要沮丧、失望。我们会得到大家的认可，因为我们有敢于挑战"不可能完成"的工作态度，是"勇士"。我们所经历的、所得到的，都是胆怯观望者们永远没有机会知道的——因为他们根本就不敢尝试。

3. 能够勇敢地面对现实

强者的心态便是受挫后不抱怨他人，失败了不找借口。因为强者不找抱怨的理由，强者只勇敢地面对现实。

强者的心态可以造就坚强的狼，更可以锻造成功的人。面对困难，胜利的总是那些拥有积极心态的人。人生起步之时，我们的心态就决定了最终结局。

在人的一生中，积极的心态是一种有效的心理工具，是能够把握自己命运的必备素质。如果我们认为自己能够发挥潜能，那么积极的心态便会使我们产生力量和勇气，从而使我们如愿以偿。

一位射箭世界冠军的成功，在很大程度上取决于他的心态。每次射击，他都会举起他的弓，眼睛锁定30码外的靶心。此时此刻，除了红心以外，没有任何事情可以吸引他的注意力。他拉紧了弦，眼睛注视目标，沉静而迅速地审视一遍自己的身心状态，若感觉有一点儿不对，他就放下弓，放松，再重新拉一次。假如一切都检视无误，他只要瞄准靶心，放心地让箭飞出去，就有信心使飞矢正中红心。

这种冷静的、信心十足的状态，是否仅为体坛的超级巨星所特有？倒也不尽然。只有当体坛巨星处于这种最佳竞技心态时，他才可能赢得胜利。而当心态不佳时，他则一扫平日的威风，甚至会输给名不见经传的小字辈。同样，即使一位平时成绩平平的运动员，当他处于最佳心态时，他也可能取得惊人的成绩，打败那些技术水平虽高但状态不佳的巨星们。事实上，人人都有这种心态，只不过我们有时意识不到罢了。

从某种角度来说，我们都是射手，都想在生活中对着目标一射而中。假如我们是在锻炼肌肉的神经系统，将箭射向靶心，为什么我们不能每次都如愿呢？

这到底是怎么回事？我们又没改变，应该是一如既往才对，可为什么会前一阵儿还眉开眼笑，后一阵子就哭丧着脸？为什么那些一流的NBA运动员也会在得心应手之后，连续多次投不进一球的情形？

事实上，心态在很大程度上决定了我们人生的成败。

我们怎样对待生活，生活就怎样对待我们。

我们怎样对待别人，别人就怎样对待我们。

我们做一项工作时，刚开始时的心态决定了最后能获得多大的成功，这比任何其他因素都重要。

对生活的态度越积极，对人生的挑战越勇敢，就越能找到最佳的心态。

难怪有人说，我们的环境——心理的、感情的、精神的——完全由我们自己的心态来创造。

心态分两种：积极心态和消极心态。积极心态能发挥潜能，能吸引财富、成功、快乐和健康；消极心态则排斥这些东西，夺走生活中的一切，使人终身陷在谷底，即使爬到了峰巅，也会被它拖下来。

积极心态的特点是自信、充满希望、诚实、有爱心和踏实；消极心态的特点是悲观、失望、自卑、虚伪和欺骗。

不少人生得失的经历曾告诫我们，心态是世界上最神奇的力量。带着爱、希望和鼓励的积极心态往往能将一个人提升到更高的境界；反之，带着失望、怨恨和悲观的消极心态则能毁灭一个人。

积极心态可以随时给人带来巨大的财富。那么，自己想成为一个拥有积极心态的人吗？这里有一个处方，如果我们能够照着做，假以时日，便会成为一个热忱的人。这个处方不但可以使我们立即拥有积极的心态，而且随时都会在我们感到失望、消沉、疲倦的时候帮助我们鼓起勇气，使我们振作起来，变得精力充沛、神采奕奕。积极心态会成为我们的生活方式，为我们的成功做好准备。它还能吸引许多美好的事物，使生活充满乐趣。

这个处方就是二战时曾任美太平洋战区司令官麦克阿瑟将军，在其办公室墙上挂着的一块牌子上的座右铭：

你有信心就年轻，疑惑就年老；你有自信就年轻，畏惧就年老；你有希望就年轻，绝望就年老；岁月使你皮肤起皱，但是失去了积极心态，就损伤了灵魂。

这是对积极心态绝佳的赞词。培养并发挥积极心态，为我们所做的每件事情，都增添火花和趣味。

一个拥有积极心态的人，无论是个挖土的工人，还是个经营大公司的老板，都会认为自己的工作是一项神圣的天职，并怀着浓厚的兴趣。热爱自己工作的人，不论工作有多少困难，或需要付出多大的代价，都始终会用不急不躁的态度去对待。只要抱着这种态度，任何人都一定会成功，一定会达到目标。爱默生说过："有史以来，没有任何一项伟大的事业不是因为积极心态而成功的。"事实上，这不是一段纯而美丽的话语，而是指引人生获取成功的航标。

积极心态是一种意识状态，能够鼓舞和激励一个人对手中的工作采取行动。不仅如此，它还具有感染性，不只对其他热心人士产生重大影响，所有和它有过接触的人也将受到影响。

把积极心态和我们的工作结合在一起，那么，我们的工作将不会显得辛苦或单调。积极心态会使我们的整个身体充满活力，使我们只需在平时工作时间一半的情况下，工作量达到平时的两倍或三倍，而且不会疲倦。

积极心态是一股伟大的力量，我们可以利用它来补充身体的精力并发展成一种坚强的个性。有些人很幸运，天生拥有积极心态，其他人却必须努力才能获得。发展的过程十分简单：从事我们最喜欢的工作或把将来我们最喜欢的工作当作自己的明确目标。

缺乏资金以及其他许多我们无法当即予以克服的环境因素，可能迫使我们从事自己所不喜欢的工作。但没有人能够阻止我们在自己的脑海中构建一生中明确的目标，也没有任何人能够阻止我们将这个目标变成事实，没有任何人能够阻止我们把积极心态注入到自己的计划之中。

如果我们有热情，几乎就所向无敌了。

积极的心态是人生走向成功的重要前提。是我们改变世界还是世界改变我们？如果我们想改变自己的世界，就必须扫除心中畏缩自卑的阴影。只有拥有积极的心态，才会使困难与挫折低下头来，使自身固有的潜能充分调动起来，从而使我们心想事成。

积极的心态之所以会使人心想事成，走向成功，是因为每个人都有巨大无比的潜能等待自己去开发；消极的心态之所以会使人怯弱无能，走向失败，是因为放弃了对伟大潜能的开发，让潜能在那里沉睡，白白浪费。

积极的心态可以挖掘和开发人们的巨大潜能，使人们有着无穷的力量；相反，如果我们抱着消极心态，那我们只会处于对命运的叹息之中，而难以品尝成功的喜悦。

任何成功都不是天上掉下来的，只要我们抱着积极心态去开发自己的潜能，我们就会有用不完的能量，我们的能力就会越用越强。相反，如果我们抱着消极心态，不去开发自己的潜能，那就只有叹息命运不公，并且越消极越无能！

每个人都存在巨大的潜能，但是一般人只开发了其中微不足道的一小部分。

凭借内在的动力、坚定的信心、顽强的毅力，以及积极心态的推动，人就可以发挥出惊人的创造力，即使是一个普通人也能创造出奇迹。

一个人想着成功，就可能成功；想着失败，就会失败。一个人期望的多，获得的也多；期望的少，获得的也少。成功是产生在那些有了成功意识的人身上的，失败则源于那些不自觉地让自己产生失败意识的人身上。

消极的心态使人走向失败，积极的心态使人走向成功。自信这种积极的意识是一种巨大的力量，给我们人生的行动以能量。自信也是源于意识和潜意识的。

意识和潜意识是成功的"第一把金钥匙"。人的意识和潜意识具有操纵人类命运的巨大能力。如果意识给潜意识一个目标，潜意识就会为实现这个目标而行动起来；如果意识给潜意识一个指令，潜意识就会认真地去执行这个指令。

有这样一个传说：有一个勤奋好学的木匠，一天去给法庭修理椅子，他不但干得很认真、很仔细，还对法官坐的椅子进行了改装。有人问他其中原因。

他解释说："我要让这把椅子经久耐用，直到我自己作为法官坐上这把椅子。"这位木匠后来果真成了一名法官，坐上了这把椅子。

相信自己能够成功，往往自己就能成功，这是人的心态在起作用。换句话说，意识决定了"做什么"，而潜意识便将"如何做"整理出来。

4. 从实践中培养领导才能

作为一个领导者，要想培养自己的领导才能，必须拥有强壮的身体、无穷的智慧，以及娴熟的领导技巧。

一个人要想成为强有力的领导者，必须得到别人的支持和帮助，还需要别人的配合；而要想得到别人的支持、配合，则必须有相当的管理才能，具有领导的才能。

没有人天生是领袖，没有人天生就具有出色的管理才能。领袖的素质和管理才能是通过后天的努力和学习得来的，它是可以通过培养获得的。就像狼群里，头狼也不是天生的，是通过不断的努力和学习才成为了头狼。头狼不仅仅享有各种特权，同时，它更要承担各种责任。

管理才能与我们的"领袖气质"是不能分开的，它们如影相随。因为这种素质和能力能够使我们做出本来不会做或无法做的事情。

那么，怎样使我们成为一只头狼？怎样培养我们的领导才能和管理才能呢？也就是说，如何使别人乐于和我们合作，支持与帮助我们成功呢？

要做到这一点，我们必须成为一个受别人欢迎的人。

要让自己成为一个受欢迎的人，一味地取悦别人并不是最好的方法，关键是要培养我们的特质。

如果我们只是一味地取悦别人，可能会暂时讨人喜欢，但不可能长久，因为我们在讨人喜欢的过程中失去了自己。因而，过一段时间，我们可能会发现，我们的交往范围扩大了，而自己却感到越来越孤独。

所以，以失去自我为代价去取悦别人，并不是最好的方法。我们必须真正喜欢自己的样子。这是使自己成为一个受人欢迎的人的基础。

培养自己喜欢的特质，即那些属于自己的特殊的东西。这些特质对我们而言是相当珍贵的。如果我们真的希望某个人做自己的朋友的话，就应当喜欢自己的这些特质。我们只是为了这些特质和为我们自己而培养它，千万不要为了给别人留下某种印象而去迎合别人。那样的话我们不但会失去成功的机会，还会失去自己想要的一切。

对我们而言，应该培养哪些特质呢？

学会如何独处。我们可能觉得惊讶，但这与如何受别人喜欢并不矛盾。一个人如果不能和自己好好相处的话，还能期望别人什么，又怎么能期望别人好好和自己相处呢？何况，所有的头狼其实都是孤独的。

培养一种能将别人视为一个独立个体的能力，并欣赏这种个别差异。要"讨好"别人，得先学会怎么让别人"讨好"。我们每个人都有不同的特点，足以让人尊敬和钦佩，但我们必须找出每个人独特的地方，否则我们很难欣赏别人的特点。

培养我们的享乐能力。放慢自己的脚步，好好品味一下自己所做的事情。同时，尽量让自己参与周围发生的事情。因为我们如果事事都做旁观者，就会觉得自己并不重要，周围的事情也不重要。然后，期待一切愉快事情的发生，如果真的发生了就好好庆贺一番，继续强化我们愉快的感觉。

不要讥讽任何人。如果一只狼因为自己是头狼，就总是对别的狼恶习相向，估计很快就会受到群狼的攻击。同样的道理，如果我们事事讥讽别人，可能就会觉得世界上的人都是以自我为中心，都只顾自己的利益，而且会认为世界上没有一个人是真诚的、宽容的。每个人都想占别人的便宜，一点也不想付出。比讥讽本身更糟的是，我们得继续用讥讽掩盖自己的这种违反道德的行为，直到我们对整个世界、整个人类都嗤之以鼻。

对于重要的事情，如果我们和别人持相反的意见，就准备面对他们。这对我们了解自己的目的和别人的认同很有关系，也让别人知道我们具有坚强的信念和强烈的感觉。如果我们没有珍重特质的话，就很难成为人群中受喜欢的人。

尝试培养感受别人的经验和关怀别人经验的能力。

学会分享朋友的快乐。我们是自己创造的，所以我们可以把自己塑造成理想的自我。

做到了以上这几点，我们就能成为一个受欢迎的人。尽管这与我们要培养的管理才能与头狼气质仍有一定的距离，但起码为其打下了一个良好的基础。

下面这几方面可以使我们尽快地培养起自己的领导才能。

跟那些我们想去影响的人们交换意见。这是使别人，比如我们的同事、朋友、顾客、员工等依照"我们所希望的那种方式"去做的秘方。

考虑问题尽可能周到，处理事情的时候要多思考还有哪些不符合人性的地方。人人都用自己的方法来领导别人，但是总有一种最好的、最理想的符合人性的方法。

尽量追求进步。相信自己和别人还可以进步，更要推动帮助进步的行动。在每一个行业中，只有精益求精的人才能够不断地升迁。领导人，尤其是真正的领导人，非常缺乏。安于现状的人认为每一件事情都很正常，不需要再去改进。但实际上他们与那些激进人士相比有太多需要改善之处；想些办法可以将事情做得更好。

腾出一点时间和自己交谈、商量或从事有益的思考。领导人都特别忙碌。事实上也是如此，他们真的很忙。但是我们常常忽略的一点是，领导人每天都要花许多时间来单独思考。无法忍受孤独的人，竭力使自己的大脑中一片空白，他们尽量避免动脑筋，在心理上自己已经被自己的思想吓坏了。这些人会随着岁月的流逝而变得心胸狭隘，目光日益短浅，行为也会变得幼稚可笑。自然不会有坚忍不拔、沉着稳健的作风。忽略了自己大脑的思考能力的人不可能成为一个出色的管理者和领导者。

领导阶层和管理阶层最主要的工作就是思考，迈向领导之路的最佳准备也是思考。因此，我们每天都应抽出一定的时间练习合理的单独思考，并且努力朝着成功的方向去思考。久而久之，就会发现，我们已经培养起了自己的领导气质、自己的管理才能。

这时候，我们距离成为头狼就越来越近了！

5. 该冒险时绝不胆怯

对于我们人类，要实现野心、成就梦想，同样要具有冒险精神。野心、梦想从来都不会轻而易举地信手拈来，有时还会伴随着巨大的风险。所以，一个缺乏冒险精神的人，即使想了、做了，也未必会梦想成真。人生成功的要素首先是要有冒险精神，但不是盲目冒险。成功者首要的是要目标明确，在目标的召唤下勇敢地去做、冒险地去做。

当我们准备去进行一次不寻常的行动时，一定要有冒险精神。世界上有许多人缺乏胆量，不敢冒险，只求稳妥，所以一事无成。

当然冒险不等于粗枝大叶、闭眼蛮干；也不是只谈论、只求前进，而不管实际。我们要分清楚哪些是敢做敢为，哪些是莽撞蛮干。

在某些时候，我们必须采取重大而勇敢的行动。在生活、工作中涉及冒险时，许多人常常犹豫不决。也许这种人就是对一切顾虑得太多，所以他们生性谨慎，总是推迟重大决定，有时甚至无动于衷。

一个有志成功的人必须要有冒险精神。如果惧怕失败，不冒风险，求稳怕乱，平平稳稳地过一辈子，虽然可靠，虽然平静，但那只是一个悲哀而无聊的人，一个懦夫。

最为痛惜之处在于，这个人自己葬送了自己的潜能。他本可以摘取成功之果，分享成功的最大喜悦，可是他甘愿把它放弃了。与其造成这样的悔恨和遗憾，不如去勇敢地闯荡和探索。与其平庸地过一生，不如做一个敢于冒险的英雄。

在这里应当说，冒险精神不是探险行动，但探险家的行动必须拥有足够的冒险精神。所以，郑和下西洋，张骞出使西域，哥伦布发现新大陆，麦哲伦环球航行，都展现了人类最伟大的冒险精神。不具备这一点，成功就与他们无缘。

有的人总担心失败，他们总会找出各种各样的理由，来使自己不去冒险。最后，他们一事无成，只能羡慕地望着别人。有的人总害怕困难，将一些很有意义的事，推给了别人，但当别人历尽艰险得到掌声和鲜花后，他们又后悔当初不该将机会拱手相让。

有的人害怕去冒风险，因为他们总想躺在幸福的港湾里——风平浪静，无比留恋安逸和舒适。毕竟，风险常常会是失败的导火索，常常意味着放弃到手的一切，意味着要承担许许多多困难和压力。也许做人用不着挑战，四平八稳是最好的。如此，我们的世界会不会进步？人类的文明和繁荣是不是一纸空文？

我们应该知道，做任何一件事，完成任何一种工作，都不可能有百分之百的把握。即使在我们的日常生活中也常常有风险，只是风险概率低些罢了。风险可能会导致失败，但如果我们能化险为夷，那么我们获得的回报将远远比不冒风险所取得的回报要高得多。

鲁迅先生说过：世上本没有路，走的人多了，也就成了路。敢于第一个吃螃蟹的人是多么难能可贵。要不然，世界上就不会有那么多伟人、著名科学家、企业家和诺贝尔奖获得者。

例如，永不安分的大发明家爱迪生，为了发明电灯，研制经济适用的灯丝，承受了数百次失败的风险，最终获得了成功。

又如，发明蒸汽船的富兰克林，一开始，人们讥笑他的船是"富兰克林的怪物"，抱着看热闹的心态来欣赏他出丑。但是他没有退缩，屡败屡试，不断改进，最终获得了非凡的成功。还有发明飞机的莱特兄弟，敢于想象不可思议的事情，甚至付出了生命的代价，为后人开辟了一条飞天的道路。

我们说一件事情有风险，往往就意味着完成这件事困难比较大，不确定因素比较多，而保险系数比较小。因此，人们一般不愿冒险。可是成功的人往往喜欢冒险，因为他们知道：风险就如一座险滩，渡过了这座险滩，就是风平浪静，就是胜利的喜悦。第一个敢吃螃蟹的人，往往能成为一个成功者。

人类如果失去了冒险精神，还有火箭升空、嫦娥奔月的壮举吗？人类如果失去了冒险，还有收看电视、驾车出游的喜悦吗？想成功，就得有冒险精神！想成功，就得有异想天开！因为谁也不愿永远停留在原始的洪荒年代！

然而，划时代的探险行为不是时时发生，也不是每一个冒险家都会碰到的。正因为这样，日常生活、科学实验、军事行动及工商活动等所体现的冒险精神更有普遍意义，更值得人们思考、体验。

所以，野心加上冒险才能让人步入人生的巅峰。

6. 有敏锐的洞察力

生活中的强者，对环境有着敏锐的洞察力，能从平凡的大自然中看到神奇的东西，能觉察到别人未曾觉知的情况和细节，能不断地发现工作、生活中的问题，并从中不断地学习，不断地总结，巧妙地利用这些人生经验来推动个人的发展。

善于观察生活的人并不多，也就是说有许多人并没有把通过眼睛传给大脑的信息加以滤清。其结果就不能完整地认识事物，也就不能完全领会它的意义。所以，我们要学会观察。

善于观察就会发现成功的契机。在观察的过程中，我们既要看得远，又不要忽视近处。一个人懂得如何直接观察在他面前的东西，是有巨大好处的。

例如，在美国蒙大拿州西部边境比特鲁特山区的达比镇，人们多年来都习惯于仰望那座晶山。晶山之所以得到这个名称，是因为它被侵蚀得已暴露出一条凸出的狭窄部分，这部分是微微发光的晶体，看上去有点像岩石。这里很早就修建了穿越其间的铁道，但是从来没有一个人捡起一块发亮的矿石仔细观察一下。

这一年，达比镇的两个青年克利和汤普森，在镇上的矿物展上，看到了用于原子能研究的铍矿。两个人立刻来到晶山，采样送到矿务局要求检验分析，在确定了是极有价值的铍矿之后，他们俩买下了矿山的所有权。

现在已开始大量开采，山脚下等待着的是手持支票的美国钢铁公司和美国政府的代表。这里被确认为是世界上最大的铍矿储藏地之一。这一切都仅仅是由于两个青年不仅用他们的眼睛去观察，而且不惮其烦，还用他们的心、脑去思考的结果。

"知识就是力量！"有了知识，可以改变我们的一生。那么，我们应该怎样去得到知识呢？那就是学习，坚持不断地学习。人的一切知识都是从观察学习中得到的。一个人从出生到这个世界上就开始学习，学习说话，学习走路，学习做事，学习一切。

如果不学习，我们就不可能成为一个健全的人。歌德曾经说过："人不是靠他生下来拥有一切的，而是靠他从学习中得到的一切来造就自己。"

在历史上或者我们的身边，有许多人由于各种条件的限制，没有接受过高等教育，有些人甚至连最基本的教育都没有。但他们通过对生活的观察，不断地自觉学习，最终成为某方面的权威或有影响的人物。

其实，人的一生就是一个学习的过程。即使没有意识到，我们也是一直在生活中、在工作中学习。但这种被动学习效果肯定不会明显。如果我们自己有这方面的意识，激发自己的潜能，不断地像狼一样从各种事物中学习，我们就能保持强大的竞争力。

7. 不断激励自己进步

激励就是鼓舞人做出抉择并实行之。能够激励我们的东西，也同样能够激励别人；能够激励别人的东西，同样也可以激励我们。为了激励自己，我们要努力学习激励别人的原则；为了激励别人，我们又要努力了解激励自己的原则。养成了用积极的心态激励自己的习惯，我们就能把握自己的命运。

有一个成功的化妆品制造商，他在65岁的时候退休了。此后，每年他的朋友们都给他举办生日宴会。每逢此时，他们都请他讲述他的成功秘诀，但他每次都是笑而不答。

直到他75岁生日时，当他的朋友们半开玩笑、半认真地再次提出这个要求时，他才说："你们这些年真是对我再好不过了。现在我该告诉你们我的成功奥秘。你们知道，除去别的化妆品制造商所用的成分之外，我又加入了一种神妙的成分吗？"

"这种神秘的成分是什么？"人们热切地问。

"我从来没有对任何女人说过我的化妆品会使她更美丽，但是我总给予她们这种希望。"

他的神秘成分就是希望！

希望就是一个人所怀抱的愿望，盼望得到他所想得到的东西，并且相信自己能够得到。一个人对自己所希望的东西能够有意识地做出反应。

为了实现自己的希望，就得采取相应的行动，每种思想和每个行动的背后都有一定的动机。没有动机的行为是不存在的。人们做事的动机不外乎是：自我保护，为了爱，避免恐惧，为了性的要求，谋求身心的自由，获得物质财富，等等。

成功的关键是自我激励，灵魂期待什么，就能做成什么。人们心中的希望与理想梦幻相比，常常更具有价值。希望常常是原本事实的预言，更是人们做事的指导。希望能衡量人们目标的高低、效能的多少。

有许多人容许自己的希望慢慢地淡漠下去，这是因为他们不懂得，坚持着自己的希望就能增加自己的力量，就能实现自己的梦想。希望具有鼓舞人心的创造性力量，它鼓励人们去尽力完成自己所要从事的事业。希望能增加人们的才干，使一切梦幻化为现实。

对人来说，最宝贵的希望，就是希望有完善的人格。树立希望之后，人的思想和情感便会变得坚定不移。因此，每个人都应有高尚的目标和积极的思想。积极进取的思想，足以改进人的希望，使人尽量发挥他的才干，达到最高的境界。希望是成功之母，不论是希望有健康的身体、高尚的品格，还是巨大的成功，只要方法得当，尽力去做，便有实现的可能。

一个人有希望，再加上坚忍不拔的决心，就会产生创造的能力。一个人有希望，再加上持之以恒的努力，就会达到希望的目的。有了希望，如果没有决心和努力地配合，对希望漠然视之，那么即使是再宏大美好的希望也会化为泡影。

人的希望对于造就人生的大厦，往往具有惊人的力量。一颗充满希望的心灵，具有极大的创造力，这种创造力会实现人的理想。希望和期待会使人们的潜能充分地发挥出来，希望和期待会唤醒我们隐藏的力量。每个人都应该坚信自己所希望和期待的事情能够实现，千万不可有所怀疑。

有效地激励别人是非常重要的，在人一生中具有双重作用。我们激励别人，别人也激励我们。父母经常激励孩子，教师经常激励学生。相信一个人，对他有信心，再加以激励，使他发挥出巨大的潜能，他就会成功。

8. 靠热忱产生强大能量

热忱是什么？热忱就是将内心的感觉表现出来，挖掘人们对讨论自己感兴趣问题的兴趣，并打动其内心世界。

"热忱可以融化一切。热忱源自于内心，它不是虚伪的表象。热忱使人充满着魅力和感染力。在一个积极有为的人面前，纵然是坚冰也不再冷漠。"

实际上，热忱与内在精神的含义基本上是一致的。一个真正对生活热忱的人，他内心的光辉熠熠生辉，一种炙热的精神本质就会深深地根植于人的内在思想中。

无论是谁心中都会有一些热忱，而那些渴望成功的人们的内心世界更像火焰一样熊熊燃烧。这种热忱实际上是一种可贵的能量。用我们的火焰去点燃别人内心热忱的火种，那么我们又向成功迈进了一大步。

爱默生说："有史以来，没有任何一件伟大的事业不是因为热忱而成功的。"这是迈向成功的路标。

一个人的成功因素很多，其中最不能缺少的就是热忱。没有足够的热忱，不论我们有什么样的能力，都是不能充分发挥的。热忱是出自内心的兴奋，然后散布充满到整个人的肌体。热忱就是一种炙热的、精神的特质，深存于一个人的内心。

每一个成功的人士，都有一种疯狂工作的热情。这种热情就是他内心热忱的巨大迸发。这种热情也是我们成功和成就的源泉。我们的意志力、追求成功的热情越强，成功的概率也就会越大。热情很多时候也是一种状态，一种潜意识，如果能发挥出我们的潜在意识，即使我们是一个普通人，也能创造奇迹。

一个真正充满热忱的人，我们可以从他的眼神里，从他勤快的步伐里看出来，还可以从他全身的活力中看出来。热忱可以改变一个人对他人、对工作的态度。热忱可以使一个人更加喜爱人生。热忱是假装不出来的。两个奋斗的人，最终一个成功，而另一个失败。最大的原因是一个人具有了真正的热忱，而另外一个人则是假装的。不但如此，热忱还可以使一个人走出浑浑噩噩的消极状态，奋发做事。

热忱是工作的灵魂，甚至就是生活本身。年轻人如果不能从每天的工作中找到乐趣，仅仅是因为要生存才不得不从事工作，仅仅是为了生存才不得不完成职责，这样的人注定是要失败的。

热忱是战胜所有困难的强大力量。它使我们保持清醒，使我们全身所有的神经都处于兴奋状态，促使我们进行内心渴望的事；它不能容忍任何有碍于实现既定目标的干扰。

热忱，是取得所有伟大成就的过程中最具有活力的因素。它融入了每一项发明、每一幅书画、每一尊雕塑、每一首伟大的诗、每一部让世人惊叹的小说或文章当中。

成功与其说是取决于人的才能，不如说取决于人的热忱。

就像美一样，源源不断的热忱，使我们永葆青春，让我们的心中永远充满阳光。记得有位伟人如此说："请用你的所有，换取对这个世界的理解。"我要这样说："请用你的所有，换取满腔的热情。"

有热忱，我们就会变得更强大。

第二章　强者的个性的培养

世间之人，个性各有不同。有的人活泼，有的人孤僻，有的人高傲，有的人谦卑……但是没有两个人的个性是完全一样的，一百个人就会有一百种不一样的个性。不同的个性可以决定不同的人生。

个性可以决定命运，我们拥有什么样的个性，就会拥有什么样的人生。就如自然界的狼一样，因为其个性，才决定了其在自然界中不会被淘汰。

1. 拥有钢铁般的意志

拥有无可比拟的坚毅的性格，可以让我们在攸关生死时对抗所有的强敌。当我们的社会越来越富有，人们可以更容易地得到想要的东西时，坚毅特质是否受到了应有的重视和评价？坚毅对我们来说是否还重要？

柏拉图曾经说过："成功的唯一秘诀，就是要坚持到最后一分钟。"好比长途赛跑，最费力的并不是开始的第一步，而是迈向终点的最后一步。毅力，就是恒心的体现。一个没有毅力的人，是不能成大器的。

一个有成就的人，谁不是具有坚强意志与毅力的人呢？大凡做出贡献的人，都是执着一念的人。开普勒研究苯环的结构形状，久久不能得出结果。后来，他在梦中得到了答案。他的毅力多强啊，竟能在梦中也念念不忘自己的任务。

居里夫人，从几百吨的矿石中提炼出几克铀来。没有毅力，她怎么能做得到呢？马克思写《资本论》，40年如一日，以至于在大英博物馆里，他曾经坐过的座位下，留下了两个深深的脚印。如果他没有毅力，怎么能做到这等地步呢？

方向确定后，事业成功的关键就在于恒心与毅力。时时刻刻想到自己的目的，时时刻刻总结自己的行径，久而久之，就可以超越自我。

世界上最伟大的科学家之一爱因斯坦，在物理学上为人类做出无与伦比的巨大贡献的同时，还给予了人类重要的启迪。

爱因斯坦在成年之前，曾被一串串难听的绰号穷追不舍，人们都认为他愚钝不堪。然而当他长大后发现了相对论，成为世界级伟人时，人们又将他的成功归结于他有一颗绝顶聪明的头脑，以至于在他死后，人们对他的头脑进行了研究。

研究来研究去，也研究不出个结果。倒是爱因斯坦自己早就根据自己的成功经验说出了成功的真谛："钢铁般的意志比智慧和博学更重要。"爱因斯坦所说的成功真谛不仅是他自身经验的总结，并且已经得到了科学研究的充分证明。

人与人之间、弱者与强者之间、大人物与小人物之间，最大的差异就在于意志的力量，即所向无敌的决心。一个目标一旦确立，那么，不在奋斗中死亡，就在奋斗中成功。

具备了这种品质，我们就能做成在这个世界上所能做的任何事情。否则，不管我们具有怎样的才华，不管我们身处怎样的环境，不管我们拥有怎样的机遇，都不能成为一个真正成功的人。

有没有毅力是决定人生实现理想或半途而废的分水岭。成功的人都有坚定的毅力，绝不半途而废。当他们设定某个目标时，一定会贯彻始终，不达目的绝不轻言放弃。这种毅力来自于坚强的意志力，他们的人生格言就是："为了实现理想，绝不放弃！"

没错，每一个人在人生旅途上，都有倒霉的时候，都有遇到挫折和打击的时候。这时，似乎诸事不顺，做什么都不对，好像全世界都在我们作对……但这也正是我们发挥意志力迎接打击，强迫自己往前冲的时候。

很多成功者都有过失去机会、丢掉饭碗，甚至被爱侣抛弃的时候，但正是因为有过这么多波折，他们的毅力与意志才会像钢铁般坚强。他们咬着牙活下来，靠着顽强的意志支撑着自己走过人生最难过的关隘，最终攀上了人生的高峰。

人生不如意的事常有，谁都难免有跌落谷底的时候。经历一次失败，不代表一生会满盘皆输。自己要是被失败打倒，就会觉得放弃是最简单的做法。但如果放弃了，成功就会永远与我们失之交臂，没有挑战的人生还有什么乐趣可言？

当遭遇失败的时候，万万不可一蹶不振，而是应该以更坚强的意志重返战场。放弃只是脱身的方便之道，但它不是成功的路径。有一句名言："如果没有我们可以倒下的地方，我们就不会摔跟头。"仔细观察我们就会发现，绝大多数有成就的人在生活中都是这样的——不肯放弃。

人生中，什么都可以失去，但毅力绝不可以丢弃。一旦失去了毅力，一个人就真的一无所有、一事无成了。

2．永不服输地发起挑战

在人生的道路上，存在着各种风险与挑战，同时又隐藏着各种机遇。我们每个人都不可避免地在人生道路上艰难地跋涉，有失败，也有成功。人生的胜利不在于一时的得失，而在于谁是最后的胜利者。没有走到生命的尽头，我们谁也无法说我们到底是成功了还是失败了。

所以，在生命的任何阶段，我们都不能泄气，都要充满希望。用美国股票大王约瑟夫·贺希哈的话说："不要问我能赢多少，而应问我能输得起多少。"只有输得起的人，才能赢得最后的胜利。

不敢直面挑战的人是绝对无法获得成功的。既然成功与失败的概率相同，失败以后又可以卷土重来，那为何不搏一搏？只有输得起的人，才赢得起。

蝴蝶的成长必须在蛹中经过痛苦的挣扎，直到它的双翅强壮了，才能破蛹而出。人的成长也是如此，不经过挣扎、挫折、磨炼，是很难脱颖而出的。

吃苦贵在先，是人生的一种本钱、一笔财富。

中国台湾的电脑专家兼诗人范光陵先生，早先在美国获得了斯顿豪大学的企业管理硕士和犹他州州立大学的哲学博士。

后来，范先生又专攻电脑，很早就写出了一本《电脑和你》的通俗读物，畅销于中国台湾和东南亚等地。他又在国际上奔走呼号，推动成立了电脑协会，举办电脑讲座，召开电脑国际会议，到处发表关于电脑的演讲。

由于他在这方面的贡献，泰国国王亲自向他颁发电脑成就奖，英国皇家学院也授予他国际杰出成就奖。

就是这样一个天才人物,刚毕业到美国时,也是靠打工卖苦力才熬出来的。刚开始时,他在一家叫汤姆·陈的餐馆做一份打杂的活儿,倒垃圾、刷厕所、洗盘碗、切洋葱、剥冻鸡皮……

每天像个陀螺一样忙得团团转。餐馆里的人大大小小全是他的上司:大厨、二厨,甚至资深杂工,谁都可以对他指手画脚,动辄训斥或随意捉弄。他在两年里打过各种各样的工——洗盘碗、收盘碗、做茶房、端茶送水、卖咖啡、做小工、做收银员和售货员……

他曾穷到口袋里没有一分钱,整天只喝清水、咽面包屑,但他仍然不停地思索着,摸索着,想找出一条路来。功夫不负有心人,他用挣来的钱上大学、念研究生,终于走出了一条属于自己的路。

世界上的事,从来就是一分耕耘一分收获。怕吃苦、图安逸,是成不了大事的。试想想,哪位杰出人物不是吃得人间许多苦方才奋斗出来的?

要取得成就,必然要付出比别人多几倍的努力。许多优秀的人才既不缺乏情商又不缺乏智商,然而他们缺少的是吃苦的精神。这不是社会的责任,也不是环境的错,而在于自己。

在老年时遭受艰难困苦是不幸的,这个道理人们都知道。然而,在少年时未经历艰难困苦也是不幸的,这个道理却不是人人都能明白的。享乐在先,或许令人羡慕,但这只是一个过程,不会永远乐下去,走到终点便是苦。而吃苦在先,也同样是一个过程,不会永远苦下去,走到终点便是甜。只有趁青春时期为成功历尽磨难,才能在年老时享受甜美的果实。

3. 锁定目标,永不放弃

对于人类来说,最大的幸运就是能正确地给自己定位,找到自己的目标,并锁定目标,永不放弃。

无论我们现在做什么,对于事业刚刚起步或者将要起步的我们,寻找自己的奋斗目标，对我们的成功来说至关重要。

我们在设定目标时，要依据以下几个准则：

第一，目标必须属于我们自己。自己的目标一定要由自己来设定。我们本身将成为目标的原动力。

第二，目标必须切合实际。所谓切合实际，即指具有达成的可能。但是，目标必须切合实际这句话并不意味目标应是低下的或是容易达成的。事实上，不能够轻易达成的目标，对目标追求者才具有真正的挑战性。

这即是说，目标本身必须具有相当的难度，以及具有被达成的可能。因此，在我们制定目标时，必须令它成为我们所愿意追求并要为之付出努力的对象。

第三，目标必须具体而且可以衡量。含糊笼统的目标不能充当行动的指南。

第四，目标必须具有时限性。任何一个目标都必须设定达成的期限。原因有二：

其一，若不设定目标达成期限，则人们很容易产生拖延的态度，而使目标之实现遥遥无期；

其二，设定目标达成期限，有助于切实的行动纲领之拟定。

第五，目标与目标之间必须能够协调。同时追求多个目标时，我们必须事先化解存在于各个目标之间的冲突或矛盾，以免所获得的各种成果相互抵消而导致徒劳无功。

找到自己的目标后，我们就可以最大限度地发挥自己的主观能动性，我们的才能、我们的智慧、我们的体能、我们的潜力才能得到更充分、更有效的施展。

找到自己的目标后，还要有执着追求的精神——抱定目标，永不放弃。人生没有失败，只有放弃，不放弃就不会失败。成功没有其他秘诀，唯一的秘诀就是抱定目标，永不放弃。

牛津大学曾经举办了一个"成功秘诀"讲座，邀请到了英国前首相丘吉尔做演讲。演讲开始之前，整个会堂就已挤满了各界人士，人们准备对这位大政治家、外交家、文学家的成功秘诀洗耳恭听。

终于，丘吉尔在随从的陪同下走进了会场，会场上马上掌声雷动。丘吉尔走上讲台，脱下大衣交给随从，然后又摘下了帽子，用手势示意大家安静下来，说："我的成功秘诀有三个：第一是绝不放弃；第二是，绝不、绝不放弃；第三个是绝不、绝不、绝不放弃！我的讲演结束了。"

说完后，丘吉尔便穿上大衣，戴上帽子，离开了会场。

会场陷入一片沉寂中。但不一会儿，全场响起了雷鸣般的掌声。

坚守"永不放弃"的两个原则。第一个原则是永不放弃，第二个原则是当我们想放弃时回头看第一个原则！

成功者与失败者并没有多大的区别，只不过是失败者走了99步，而成功者多走了最后一步，即第100步。失败者跌倒的次数比成功者多一次，成功者站起来的次数比失败者多一次。

当我们走到1000步时，也有可能遭到失败，但成功却往往躲在拐角的后面，除非拐了弯，否则我们永远不可能成功。

往往有许多人对事情的结论下得太早，当遇到一点点挫折时，就对自己产生了怀疑，甚至半途而废，那前面的努力就都白费了。唯有经得起风雨及种种考验的人才会是最后的胜利者。因此，如果不到最后关头就绝不要放弃，永远相信：成功者不放弃，放弃者不会成功！

4. 任何时候都不输给自己

不论在任何时候，任何情况下，我们都要坚韧地奋斗。在生活的艰难跋涉中，我们要坚守一个信念：可以输给别人，但不能输给自己。

然而，在很多时候，面对恶劣的环境，面对天灾人祸，面对尔虞我诈，我们在心理上先否定了自己，我们自己选择了放弃、选择了失败。

在成功者的字典里，是绝没有"绝望"一词的，因为他们不会轻易地否定自己，只相信等待自己的终将是希望，即使许多事情似乎已经到了绝望的边缘，他们也会再冒险拼搏一下，为自己挖掘生存的希望。

不要轻易地就对生活绝望，把灾难当作一所学校，把逆境当成营养，敢于为自己冒一个大险，结果可能是我们抓住了机遇，营造了生命的春天。

怀有勇敢的拼搏精神，不对命运认输，不承认世界上有绝望之说，始终扼守着最后的希望，于绝望之处挖掘出希望来。这也许就是许多人做事成功的秘诀吧。

5．用生命捍卫尊严

艺术大师徐悲鸿曾经说过："人不可有傲气，不可无傲骨。"人的傲骨应该表现在以下几个方面——

其一，不要丧失做人的尊严。一个人的尊严，除了需要别人的维护和捍卫外，更需要自己以信念，以风骨，甚至以生命来维护和捍卫。

尊严实实在在地重过了生命！记得一位作家说过：人的尊严是一种高度和一种质量，再不起眼的人有了这种高度、这种质量，就能面对权贵不卑不亢；面对不义之财不馋不贪；面对不公之事不忍不避。一个人如果有了尊严，也就有了支撑生命的灵魂的骨架。

换言之，如果一个人丧失了尊严，那么这个人虽空有一副人的躯壳，其实活得与猪狗没有多大的差异。做人不能没有尊严，犹如太阳不能没有炽热的光芒，江河不能没有豪迈的奔涌。

其二，不要丢失自己的风度。一个女孩子莫明其妙地被老板炒了鱿鱼，老板吩咐她下午去财务室结算工资。中午，她坐在公园的长椅上黯然神伤。一个小孩子站在她身边一直不走，她便奇怪地问："你站在这里干什么？"

"这条长椅背刚刚刷过油漆，我想看看你站起来后背上是什么样子。"小家伙说。女孩子怔了怔，笑了。她忽然觉悟：如同这双天真烂漫的眼睛想看到她背上的油漆一样，她昔日那些精明世故的同事也正怀着强烈的兴趣想要默默窥探她的落魄和失意。她绝不能在丢失了工作的同时，也丢失了自己的笑容、风度。

于是，那天下午，当同事纷纷心照不宣地出来和她打招呼的时候，意外地看到了一张与素日丝毫无异的平静而美丽的面容。

是啊，生活中的失意处处可见，就像那些油漆未干的椅背。当然，在坐下之前，最好还是谨慎地找一个干爽的位置，如果实在没注意而已经坐上了，那也别沮丧。站起来的时候，别让人看到我们背后的油漆。怎么做呢？很简单，将那件已经沾上油漆的外套脱下来，拿在手上。有时候，面对某些伤害，也许我们就得这么保护自己。

其三，不要生活在别人的庇护之下。一个人如果一味地寻求庇护，那么在真正的风雨面前往往是不堪一击的。

院子里有两棵树。一棵树因为有堵高墙的庇护，长得高大挺直，从容秀丽。而另一棵树就大不一样，因为要自己去承受风雨的袭击，它不得不随风生长，树干也就弯曲斑驳，非常难看。我们这些孩子都不喜欢它。

一晃多年，我大学毕业了。因为没有找到合适的工作，我一直闲在家里。有父母为我操劳，日子倒也过得轻松惬意。

那年夏季，一场罕见的台风袭击了我所在的城市。那天早晨醒来，推开窗，我被眼前的情形震住了：高墙倒了，那棵秀丽的大树也被齐腰折断，然而那棵弯曲斑驳的大树，虽然被摧折了一些枝干，但依旧顽强挺立着。

我还能说什么呢？哪里还敢心安理得地在父母的呵护下过日子？就在那年，我去了深圳打拼，独自体验生活的磨难。

活在强者的庇护下，固然能躲避风雨的洗礼，可是这种没有主见、没有自我的人生又有什么意义呢？

其四，恪守自己的原则。一个人的历史永远是用自己行走的脚印写成的，不同的人留下的脚印大不相同。有些人的脚印叫无知，有些人的脚印叫高贵。

坚持自己的主张，书写自己的历史。这就是成功者的生命主张。

其五，尊重秩序，争取自由。每个人对自由都有不同的看法，自由在每个人心目中都有不同的位置。许多爱好自由的人，不能忍受任何的约束，他们就像那只绝食的狼一样，为了自由可以放弃一切，包括自己的生命。

也许，这些人在我们普通人眼里，会显得另类，让人难以理解。可是，我们普通人，心中也都渴望自由，但普通人不会为了自由而放弃某些东西。还有一些人，他们害怕自由，一旦有了自由，他们反而手足无措。他们希望有严格的纪律、规范来约束他们，他们希望自己的言语和行动都符合这些纪律、规范。

我们绝大多数人都不应该走向这两个极端，尤其是第二种。作为现代社会的人，我们应该有自己的自由，但我们同样要遵守这个社会的规范、法律。只有遵守这些规范和法律，社会才能在和平的环境中发展。

具体到某一个企业、某一个团队，为了更好地发展，为了大家共同的利益不受侵犯，都会制定一些规章制度，以约束员工的行为。这并不是对员工自由的限制和剥夺，相反，只有在这样的秩序之下，每一位员工才能获得自己的自由，才不会受到别人的侵犯。

这种成熟的秩序是文明的体现，是对个人自由的保护。

6. 修炼正直无私的品格

一个人的成功不在于他获得了多少财富，不在于他做了多大的官，而在于他的品德修炼程度。品德被称为心灵的根本。爱的、公正的、创造性的行为，以及其他一切品德都从根本上体现了我们的精神境界。品德由种种原则和价值观组成，给我们的生命赋予方向、意义、内涵。品德构成良知，使我们明白事理，而非只根据法律或行为守则去判断是非。正直、诚实、勇敢、公正、慷慨等品德，在我们面临重要抉择之时，便成了我们成功的首要因素。

许多人认为，要想成为强者，要靠天资、活力、人缘。历史却教导我们，从长远来看，"真正自我"比"人家眼中的我"来得重要。美国建国的头150年里，几乎所有关于成功和自我奋斗的故事，都着眼于当事人的德行。杰出人物像富兰克林和杰斐逊等都明确强调：人生须以品德为本，才能有真正的成就和满足。

"正人先正己"是很多强者的为人守则，注重自身修养，以身作则，以德服人，也正是很多成功者的处世之道。不管我们是已成为成功之人，或正向成功发展，"正己"应是做人所应遵循的首要原则。

纵观古今中外的诸多商业巨子，成功的首要因素就是严格要求自己，给下属树立良好的形象和榜样，使得上行下效，形成团队精神，以求进步。榜样的力量是很大的。

在现代的管理学和领导学科中，很多的事例里都提到了表率和领导的成功方略，其中最重要的一个方面就是领导的以身作则和示范作用。员工和被领导者都是有自己的思想的，他们在为事业打拼时，也正在观察着领导者的一举一动；领导的每个举动，都关系着员工的切身利益，谁都不愿将自己的劳动价值交给那些庸俗无德的人管理和利用。

而那些善于以身作则、严于律己的强者，他们周围的人都是上下一心的，所以说成功的道路是自己走出来的。

注重道德，以正其身。在灯红酒绿的现代生活模式里，有很多人稍有成就就丧失操守，道德沦丧，因此纷纷落水，这不得不引起我们的警醒。以身作则还能提高员工整体素质，很多人格高尚的领导的属下往往都效仿领导的行为作风。

修身不拘年龄，随时可以开始，要诀是要懂得推己及人。从推己及人的观点而言，须先取得小我的胜利，才有大我的胜利。信守对自己和对别人的承诺，即小我胜利。这一类的承诺看似微不足道，却是我们日常生活时刻要面临的种种抉择。

修身的第一步是勇于面对抉择，打定了主意便坚持下去。日复一日，我们越来越能信守承诺，我们的"品德账户"也就"存款"越来越多。开始时大费气力的事，渐渐就成了习惯。我们如果习惯于从生活小事修养自己的品德，将来就更有力量培养应付大事的毅力。

7. 具有破釜沉舟的精神

为了生存，人类必须有这种破釜沉舟的精神。

我们常说不要将自己置于悬崖边上，给自己留条后路，但有时候，人要有破釜沉舟的精神。

在生活中，经常能够听到别人这样告诫自己：不要把话说得太满，要给自己留条后路，等等。这无疑是正确的，因为世界上没有绝对的事物，事物在未有结果以前，任何结果都可能发生。

比如，我们给别人承诺时，就不能将话说得太满，否则，当我们的承诺因为某种客观情况不能兑现时，我们便没有了一点回旋的余地，反而会给人一个不诚实的印象。

但是，当千载难逢的机会降临到我们面前的时候，当某件事情的发展到了一个生死攸关的关键时刻，人又需要有破釜沉舟、置之死地而后生的精神。

项羽当年引兵渡河，让手下的士兵只带了三天的粮食，而且砸碎了所有的行军锅，意在表示绝不后退的决心。项羽的这种精神，无疑也鼓舞了他的士兵，最终他们取得了胜利。

可能有人会说，"破釜沉舟"只是一个故事，我们今天不会遇到那样的情景。这话也不要说得太满，说得太绝。商场如战场，有时候一桩生意，有可能就因为我们缺少了"破釜沉舟"的劲头而告失败。我们的人生又何尝不是如此呢？

很多企业家在经营过程中都敢于用一时的损失和痛苦换来巨大的市场和利益。明知不可为而为之，靠的就是比别人看得更宽，想得更全面、更深远，思维更具有深度。也就是说，他们靠置之死地而获胜的勇气而取胜。

在许多重要的场合，当人们发现某个项目会带来一些损失时，往往常规性地采取类似止损的短期行为。那么，在这样的场合，胜利大多属于甘于吃亏、善于吃亏的企业家。因为，这种明知不可为而为之和甘于吃亏其实就是一种破釜沉舟的做法。

将自己置身于悬崖上的破釜沉舟的精神，从某种意义上说，是给了自己一个向生命的高地冲锋的机会，给了自己一个成为强者的机会。

第三章　强者的能力打造

强者应有无穷的智慧，他们总是能够扬长避短，克敌制胜；他们目光敏锐，勇猛顽强，善于计谋；他们有极强的适应能力……正是这种睿智、勇敢，才能使我们成为一个真正的强者。

1. 善于思考，勇于行动

强者从来不靠运气，它们对即将实施的行动总是经过深思熟虑，并且在有了充分的把握之后，才付诸行动。强者无论在任何恶劣的环境中，总能找到适合自己的位置。哪怕是出现了并不在他们掌握的范围内的问题，他们也能够通过观察，积极思考，学以致用。由此可见，强者都是善于积极思考的。

我们每一个人每天都在思考，只是思考的方式和内容有所不同罢了。有些人积极思考，而有些人消极思考。

积极思考是成功法则中最重要的法则之一。培养积极思考的习惯，是一个人生命中最重要的修炼之一。积极思考可以让我们自信、乐观、慷慨、机智、充满希望和勇气等。

在工作、生活中，如果我们不去积极思考，那么我们的工作、生活就会如同一潭死水，没有活力，更谈不上能有创意。在工作中，我们不去积极思考，那工作也出不了成绩，因为我们总是以老一套的方法去工作。这种人终其一生，不会有太大的出息，因为他们始终被自己机械的行为所禁锢、左右。

一个积极思考的人，他们能够创造性地工作。在工作中，他们时常提出一些新的想法、解决问题的有效办法等，同时他们也知道怎样提高工作效率。积极思考的人在工作时也是快乐的。

其实，我们每个人天生都有积极思考者所具备的热情、正直、信心、决心等品格，只是这些品格有时在某种程度上被环境所淹没。比如我们因遭受了反复挫折后，终日以悲观的态度看待这个世界，于是"不要那样做了，再做你也不会成功"等消极的话语就会萦绕在我们的心头，我们就开始怀疑和否定自己。

正如丹尼斯·韦特利所说："冠军的产生和毁灭都是由人的观念和态度所决定的。"

所以，要让自己成为一个成功者，就必须积极思考。积极思考可以重新审视自己对自身品格的看法，可以鼓励我们充满自信地工作，享受快乐工作的乐趣，从而在工作中发挥最大的潜能。

人的潜能首先在人的思考中得到开发。因为能改变我们的是我们的信念！我们仔细分析两个情况基本一样的人，他们出身一样，身体状况一样，收入相等，都没有房子，但是有一个整天很高兴，另一个整天愁眉苦脸，这是怎么回事呢？很简单，一个人积极思考，另一个人消极思考！

积极思考的人相信房子很快会有的，钱也会挣到的；消极思考的人会想，我年纪这么大了，连房子都买不起，怎么会落到这种地步。

成功者都是积极思考的人——永远往好的方向思考。他们总这样认为：任何事情的发生必有其目的，并且有助于我；重要的不是发生了什么事，而是要做哪些事来改善它。

要对自己的生命完全负责：假如我一定要，我一定能；假如我一定要，马上行动，绝不放弃。成功只是时间问题。那么，请收集更多的积极思考信念来鼓励自己。

如果我们能将自己的思想当作一块土地，经过辛勤且有计划地耕耘，就可以把这块土地开垦成产量丰富的良田；否则它就会荒芜，杂草丛生。要想从思考中得到丰收，就必须付出努力，这一切都需要积极思考。所有计划、目标和成就，都是积极思考的产物。

2．培养思考问题深层能力

为了不断地追求社会进步，人们必须具备所谓的问题意识。可是多数人在踏入社会之后，尤其是在工作逐渐熟悉之后，这种问题意识就会在不知不觉中淡薄了。

问题意识淡薄，自然会导致思考力衰退。在肯定现有一切的地方，绝对不会产生新的东西。在思考上，每个人都存在不少的危机。随着社会经验越来越丰富，人的平衡能力也会越来越强。这种平衡能力可以说是人在社会中求生存的最重要的能力。

这种求平衡的心理会压抑容易偏向极端的自己，总认为一定还有其他方向，尽可能在现实生活中寻找不会出现问题的方向。这种求平衡的心理是社会发展的一大障碍，尤其是在从事新的构想或创造性的工作时，是一块巨大的绊脚石。

当构想以往所没有的东西时，我们必须像狼一样，敢于向极端方向大步迈进。如果我们不敢大胆地向前迈步，就不可能开拓出新的境界。当然，在新的构想付诸实施前，确实有必要重新考虑一下平衡问题。但如果事前优先考虑平衡，就不可能脱离老套的框框。

我们的社会已逐渐被"慢性繁忙"所支配，处在一种很难有足够时间去思考的状态之中。由于经常被要求尽快得出结论，以致每每在想法尚未成形前，就被迫中断思考。但是卓越的构思或企划，是需要充分的时间来酝酿的。

其实，有的时候，某些企业，甚至社会，并不希望出现真正具有思考力的人。因为那些不会深思熟虑，只能做好被交代的事，或只会按命令做事、唯唯诺诺的人是最容易使唤的人。不论是企业或是社会，一旦没有思考力的人越来越多，就会很快走上衰退之路。

重视经验容易使头脑僵化。由于受教育的影响，再加上自己的经历，年长的人容易陷入重视经验的倾向，而使自己的思维放不开。由于太看重个人经验，所以不愿接受其他人的想法。这种态度充分表现出这些人从未想到：所谓的个人经验只是一种狭窄的世界观，并没有什么代表性。在这种僵化的头脑中，很难产生什么有创意的好点子。

为了创新，有时必须将自己放在任何人都预想不到的事态中去，从而确定新的对策。

其实，社会中的每个成员，都有必要开拓自己独到的构想，不具备创造力的个人或企业，都将被时代发展的脚步远远地抛在后面。思考力是存活和发展的重要力量。

一般说来，人们都很难接受新的事物。等到开始怀疑原有的认识时，多半是经过了很长的一段时间。因此，那些有新发现的人，经常成为被偏见所迫害的对象。我们现在所拥有的知识，其实有不少也是错误的。

因此，我们必须放弃过去所学到的知识都是绝对正确的想法，持有这种态度是成为创新思考者不可或缺的条件。要成为擅长思考的人，也必须摒除凡事所谓答案只有一个的严重偏见。

在人类社会中，总有一些人只相信自己是绝对正确的，从来不接受别人的意见。这也是严重偏见的一种表现。相信自己才是绝对正确的人，几乎不可能成为擅长思考的人。

时代在飞速地变化，一年前流行的事物，现在早已过时，而且变化速度越来越快。因此，我们必须敏锐掌握时代的变化。敏锐掌握时代变化的能力，就是支撑创造性思考的重要因素。

记忆是产生创意的力量。不少人认为创造力与记忆力是相反的能力，这种看法是不正确的。人在空无一物的地方，不可能马上想出新的东西。依据以往所累积的知识或经验，改变组合加以改良，或是加入新观点，就可创造出以往所没有的东西。

许多人都认为自己缺乏创造力，其实，人所具有的创造力是无限的。以往或许是由于学校教育阻碍了创造力，但只要不断地锻炼，一样能开发出创造力。人应该对自己的潜能，拥有更大的期待与自信。

在培养创意思考之前，首先必须放弃成规或偏见以及一些不正确的想法。此外，擅长思考的人的头脑，还具有什么特征呢？擅长思考的人的头脑普遍具有流畅思考的能力。

其实，就是针对一个问题，具有能够陆续提出各种答案的能力。只想得出既成的答案，而不想去思考新的答案，就是缺乏创意的表现。因此，如果想获得丰富的想象力，或是丰富的创造力，首先就必须具备流畅的思考能力。

创造性除了需要具备流畅思考能力之外，还需要具有深度思考的能力。流畅思考是连锁反应式的思考，而深度思考则是从深层次来重新思考问题。

一般人在遇到一个问题而找不到解决办法时，通常会暂时中止；但具备深度思考能力的人则会从其他角度、其他观点或者其他层次来寻求解决之道，由此来产生新的构想。如果说流畅思考的人，是能在人生问题上找出各种解决对策的高手，那么深度思考者，就是不会自寻烦恼的聪明人。

世上就是有人能想出令人意外的主意，他们是通过什么样的思考线路，才想出有创新的主意的呢？这就是崭新奇特思考的能力，是擅长思考的人都应该具备的一种能力。

擅长突发奇想的人，可能要首推科幻小说作家，科幻小说的始祖威尔斯的小说《时间机器》《火星人》等小说，在当时是令人毛发悚然的故事，但在今天早已成为理所当然、不足为奇的构想。这种一般人所不具备的崭新而奇特的思考能力，只要是擅长思考的人，都有可能达到。

流畅思考能力、深度思考能力和奇特思考能力并非在人的头脑中分成三个部分，而是彼此紧密地连接在一起。擅长思考的人，通常是把这些思考混在一起同时进行来发挥思考力的。

也可以说，这三种能力实为一种。这种思考不被既成概念所拘泥，总是从宽广的视野来观察。这种思考不固执于一种想法，总是不断摸索出更好的方法。能做到这几点的人相当不简单，可以说是把人类的能力提升到了顶点。

我们头脑中所储存的知识和经验，不只是在学校里获得的，也有些是在日常生活中，无意识地不断累积起来的。不过光是靠所累积的知识和经验，不见得能产生新的创意，必须依照实际情况加以检讨和思索才会有结果。

如何依照情况运用知识和经验，也是重要的能力。不拘于既成概念而能深刻地思考的人，绝不会无视知识和经验，而且必要时会将其作为踏板，以便向更深度的思考飞跃。

在处理一个问题时，若不能看到问题的本质，就无法得到最佳的解决方法。在无关紧要的地方，即使能提出很多解决的办法，其能力也不会获得太高的评价。

因此，了解问题本质的能力，是深度思考不可缺少的条件。一个人如果缺乏了解问题本质的能力，即使有深度的头脑，也只能做些毫不可取的反复思考。

所谓人的分析能力，是指把一件事分解成各种要素，然后阐明形成该事的各种成分或要素的能力。即使是复杂的事情，只要经过详细的分析，还是能够找到解决的线索。

一般而言，我们都是通过详细分析一件事情，借以找到解决的线索。不过具有卓越直觉力的人，在看过整体之后，就能立即找出本质或最容易解决的部分。擅长思考的人，通常都具有这种卓越的直觉力。

将构想或企划重新整理成一种创造性工作，并加以完成的所谓构成力，也是极为重要的一种能力。具有这种能力，才能使构想或企划具有强大的诉求力。所以，支撑深度思考的重要能力之一，就是这种重新构成的能力。

归根结底，活用知识和经验的能力、了解问题本质的能力、卓越的分析能力、卓越的直觉力和重新构成的能力，便构成了擅长思考的人们的基本创新能力。

平凡的人生虽然过得比较容易、轻松，却创造不出任何东西。不出差错是好事，但若没有失败，就不可能有什么进步。我说这样的话，并不是想批评那些过普普通通生活的人，但老实说，这样的生活绝不可能产生崭新的构想或丰富的创造。

创造性的人生，必须经常使用头脑，经常伤脑筋，甚至可能还要面对他人的批评，以致常为孤独所苦。创造性的想法才能产生创造性的结果，要有创造性的想法，首先必须重估自己的生活方式。

把平凡的人生突然转变成创造性的人生，听起来似乎不可能，但只要稍微改变一下生活方式，其实并不太困难。著名作家阿尔宾·杜夫拉在他的著作《未来的冲击》中说："对人生来说，变化不仅必要，而且变化本身就是人生。"

一个普通人，完全能在改变日常生活中，变成不同人格，获得其他观点。这是我们建立崭新的构想或产生丰富创造力的基础。那么，现在再一次回到一般的生活，从日常生活中来探讨提高想象力或创造力的方法。其实任何东西，都可作为提高想象力或创造力的对象。

首先，留意一下每天随身携带的公文包。想想这个公文包，我们觉得它好用还是不好用？哪里方便哪里不方便？如果要变得好用，应该附加何种功能？或是改用何种材料？使用何种设计方案？从头到尾彻底思考一下，只要这样一想，就会有创意浮现出来，也能看出自己的个性。不久之后，我们必能发现自己理想的公文包。

总之，只要肯思考，就能把身边的事物变成自己理想的东西。如此不断累积下去，我们的日常生活将变得极具创造性。

创意的第一步，就是要充分运用自己本身的感觉。现代人因所受的学校教育太充分，以致容易陷入学习既有东西的模式。所谓的用功读书，是依照老师所教的方程式来解答问题，并未教导学生设计方程式的方法。这种做法虽能培育出应用既有东西的能力，却无法培育出想象或创造的能力。因此，第一步放飞自己的思想，活跃自己的思路，就显得极为重要了。

一般说来，人在精神放松时要比在精神集中时，崭新的构想或灵感更容易来到。这是事实，许多发明家或科学家的伟大发现，往往都在这时候。不过为了训练思考能力，首先需要集中思考。思考再思考，直到筋疲力尽再休息。其实在放松时突然想出解决办法的人，也必定要经过思考再思考，直到筋疲力尽再休息的过程。

我们常常会在不知不觉中，沉浸在模式化的日常生活中。即使是从事颇有创造性工作的人，甚至作家、画家等以创造力谋生的人，也有不少会落入模式化生活的陷阱。

只有重新思考自己将如何度过一辈子，才能走出模式化生活的陷阱。如果我们一直过着只专注于一项工作的生活，不论是想法或看法，都很容易变得单一。

虽然说每个人都不想让自己变成这个样子，但人是环境的产物，即使具有再卓越的智慧与创造力，也几乎不可能从现实的周围环境获得完全的自由。

所以纵使每天为获得自由而挣扎，要达到目的也很困难。而那些不想争取自由的人，必定会在事物的思考方法或看法上，局限在一个小范围之中。

创意也和物品一样，需要珍惜。所以，重要的创意必须保存起来，好在保存创意并不需要太大的空间。想到什么创意就把它写下来，不论是否可能实现或是令人发笑，都要保存起来；一有机会就翻出来看看，一再重复检讨。

创意有时需要隔一段时间才会发酵。一开始被认为不足取的创意，如果经过加工，可能突然摇身一变成了了不起的创意也说不定。因此，绝对不要轻易抛弃创意。

3. 增强判断、识别和决断能力

强者的判断和识别能力很强，他们能从复杂的环境中识别并判断自己的生存危机。他们的这种判断、识别和决断能力，是在激烈的竞争环境下生存的关键因素之一。

我们要想生存，想有所成就，就必须要具备强者的判断、识别和决断能力。人类获得知识有两种主要方式，一种是通过感观系统感觉领悟，另一种是通过本能反应。只有在了解了获取知识的途径之后，才有可能了解直觉反应的本质和通向内在智慧的方法。

通常，人类在看待一个事物时，很难看到它的全貌，因此难免片面。经过感官接受或传授的知识往往是肤浅而不完整的，就连接受者也不免有时对其产生疑惑，或者缺乏信心。

人类面临着两个严重的问题，一个是领悟能力达不到完全准确的地步；另一个是心理混乱。天地万物都在运动，都在随着时间不停地变化，所以，要要求人的领悟能力达到完全准确的地步谈何容易。心理混乱的危害更是严重，一种混乱无章的心理状态是无法让人下定决心的，更无能力辨别是非。

人固然没有能力控制外界事物的变化，但至少可以培养出一种澄清的心理。如果我们能具有澄清的心理，那么无论外界事物变化有多么快，我们都能大致对它有一种客观的印象。但要完全正确无误地记录下来一切是办不到的。因为世间万物变幻莫测，再加之人的感官系统本身就不是精密的接收器。

一个人不管具有多强的洞察力，都不足以看清自己的内在。一个人不管如何努力应用外界资讯培养自己的内心智慧，也不足以达到使自己感到满足的效果。所以，为了获得内心智慧，不能只靠外在的手段和工具，必须善于接触内心。

内在意念是一种特殊的本能，这种本能具有知道如何判断、如何辨识和如何决定的能力。判断和辨识帮助人看清事物的本质，做出决定，这种能力对人的生活是非常关键的。

如果我们不能做出决定，不知道该什么时候做出决定，便会错失良机。失去良机，就会使人后悔自责，从而使人丧失信心。所以，对人生来说，增强判断、识别和决断的能力是非常重要的。

意念就是人内在的咨询顾问，它会告诉人如何做决定、判断和辨识。这个过程会一直在人的内心以不同方式、程度进行着，人必须先清楚自己的内在状况才能了解自己。

如果不先了解轮子，就不能了解轮轴。心智的轮子之所以能运转，是因为有辐条，而辐条能转动则是因为轮轴。如果我们想认识自己天性中的轮轴，这便是一个简单的原则。外在的世界可以刺激心智，每个人都应该学习了解自己的心智，每当做一个动作时，都要问一问自己这种意念是对的还是错的。

要增强我们的判断、识别和决断能力，首先要求我们要有广博的知识，对事物事先要有一个全面的了解。没有知识做后盾，我们的识别能力是永远不会提高的。

其次，有了知识，还要擅长思考。擅长思考的人，具有旺盛的好奇心，能够创造性地思考、识别、判断；擅长思考的人，总能从事物中发现问题，并找出解决问题的办法；擅长思考的人，往往会有卓越的创造力，也会有极强的生存能力，当处在逆境中时，他们往往知道怎样去应对。

要增强我们的判断、识别和决断能力，还要具备想象和转化能力。这种能力的培养不能一蹴而就，而要在对事物的不断认识过程中得到提升。

4. 能够发掘与借鉴团队的智慧

智慧，从大的方面讲是安定社会的良策，同时也是寄托精神的支柱，是升华感情的航梯，是培养思想的武器。有人累积了许多经验，但是他不能从中得到教训；有人读了许多书，但是他不能从中得到心得；有人获得各方的消息，但是他不能分析和判断；有的现象呈现在他面前，但是他不能看出本质；这种人，我们便说他缺乏智慧。

什么是智慧？智慧，简单来说，就是创造新东西、创造新观点的能力。一位智者，不但能比别人更快地从现象中、消息中、知识中、经验中读出不同的意义，而且能从中发展出新的技术、新的发明、新的作品、新的观念。

所谓智者，说穿了，其实就是有心眼儿，有心计，不瞎闯，不蛮干，不盲动，不胡来，对每一件事都前思后想、深思熟虑，三思而后行。他们一定要想出高招，设下奇谋，让每个环节都细针密缕地缝进智慧的纽扣。

所谓"运筹于帷幄之中，决胜于千里之外"，即在于智慧的功用。智慧与智慧相争相斗，则大智胜、全智胜、奇智胜、险智胜。

失败源于少谋，人生岂能无智。拥有智慧和经常运用智慧的人，在人生的旅途上定然会走向成功与卓越，定然会获得人生的幸福。智者与愚者的差别，并不是明明白白地在脑门上写着的，而是隐逸于他们的思想行为之间、日常生活之间、立身处世之间。智者胜，较之于常人，有时仅胜于一念之差、一思之异、一谋之别；有时则胜于三载之功、十年之苦、半世之劳。

在社会竞争中，拥有和运用智慧的重要性已毋庸赘言，有时在生意场上拥有和运用智慧也同样是走向成功和获得财富的关键。在漫长的人生之路中，提高和运用自己的智慧是必须学会和觉悟到的生存技能，而且也要在现实生活中应用。

人类历史的进化过程中，"智"始终被当作一个成功的要素之一。离开智者的导引，也许人类至今还生活在树上。

现代人生，智慧更是其中不可或缺的成功要素。而要以智谋取胜，则需打好根基，具备最起码的基本素质。

一项较大的成功，往往牵涉到人、财、物、环境等多种条件，但这些条件常不具备者十之八九，而这就需要人们不断地去创造。在现实与成功之间，存在一段距离。这段距离中，除了较明确的现有条件和欠缺条件外，还有不少难以把握的不确定因素。

智谋的基本用途就是：发挥人的聪明才智，谋划出最有利的方法，以解决成功路上的一切问题。

智谋的基本问题包含三个内容：一是对现有情况与条件的正确分析与判断；二是对未来和不确定因素的分析观测；三是找出一个好的方案方法把现在与未来连接起来。

我们要以智谋取胜，就是要能面对现实与未来，做出较正确的分析与判断，对成功路上的种种问题想出各种各样的办法、方案、绝招，从而解决问题，达到目标。

那么，要以智谋取胜，应具备哪些基本素质呢？

"自古有谋胜无谋败，良谋胜劣谋败。"为什么有的人足智多谋，有的人却少智乏谋呢？做同样一件事，各有各的智谋方法，但为什么有的人成功，有的人失败呢？

识广智高，有了广博的相关知识和充足的相关信息，我们就能对现实与问题分析判断得更准确，对未来和不确定因素预测得更准确。这是一个人足智多谋的基础。

试想，一个军事指挥者，假若不懂地形知识，不懂带兵用兵的方法，不懂基本武器的效力及使用，不知敌情，怎么可能有好的军事智谋呢？

5．用侧向思维思考问题

有位动物心理学家做过这样一个实验：把两只猩猩关在两堵短墙之间，外面用铁丝网隔开放了一盆食物，其中一只一看到食物马上直冲过去，结果左冲右突就是吃不到食物。另一只先是蹲在那儿直直地盯着食物和铁丝网，又看看周围的墙，然后转身往后跑，绕过墙来到铁丝网的另一边，结果吃到了食物。

我们人类在考虑某个问题的时候也有类似现象，有的人总是死抱正面进攻的方法一味蛮干，丝毫不能解决问题，而有的人则采用迂回战术，用意想不到的方法，轻而易举地获得成功。这就是智慧的功劳。迂回战术用的就是侧向思维。

侧向思维的关键是摆脱他人常规的思维方式或习惯思维（思维定式）的束缚，换一种新的观察角度去想问题，主动寻求"柳暗花明又一村"的境界。

有个聪明人想过一条水流湍急的河，便向船码头的人们大声问道："哪位船老大会游泳？"

语音刚落，好几个船老大围了过来，只有一位没有过来，他便问那人："你的水性好吗？"

"对不起，20多年中，我只会行船，不会游泳！"

"好，我坐你的船！"

人们要问为什么偏选不会游泳的船老大呢？原来，他运用了侧向思维，船老大不会游泳，必然会小心划船，更安全。

侧向思维一般在下述两种情况下常用：第一种情况是实现目标的途径相当明确，原有各种思维方式、思路、方法均可达到既定目标，但由于人的习惯思维，尽管原方法有优有劣，但往往总是死抱着一条路不变。在这种情况下就必须果断地寻找新途径。

例如要剪一块圆纸板，通常先在纸板上画出一个相应直径的圆，再用剪刀仔细剪下，花费时间较长。有人想到用圆规画圆，把圆规的笔尖改成小刀片，则成为一个很好的切圆片专用工具。不同方法解决了同一个问题，还节省了时间。

第二种情况更为多用。为解决某一问题孜孜以求，朝思暮想，但按常规方法却难以完美解决，这时不妨转换一下思路，从与自己研究有关的领域中寻找解决的方法，或者请"外行"来参谋，出点子，或许就能很容易地解决问题。例如大家比较熟悉的鲁班发明锯、莫尔斯发明电报就是这种思维的典范。

为人处世，当向狼学习，从不蛮干，正面不行就迂回前进，从猎物意想不到的地方出击。《孙子兵法》说："先知迂直之计者胜。"所谓迂直之计，就是要懂得迂与直的侧向思维。这个谋略表面上是迂回曲折的道路，而实际上更有效、更迅速地为获利创造了条件。

一般来说，人们常规思维方式是讲究"抢人之先""先发制人""争制高点"，谓之抢先一步天地宽。但是，在特定时期、特殊条件下，限于自身的实力，采用"迟人半步"的侧向思维方式，避敌锋芒，克己之短，取人之长，以期获得成功亦不失为一妙招，这也是智慧的精准体现。

6. 将"欲擒故纵"活学活用

"欲擒故纵"是我国古代兵法《三十六计》中的第十六计。原文为："逼则反兵，走则减势。紧随勿迫，累其气力，消其斗志，散而后擒，兵不血刃。需，有孚，光。"意思是说，逼迫敌人无路可走，他就会反扑；让他逃跑则可减弱敌人的气势。追击时，跟踪敌人不要过于逼迫他，以消耗他的体力，瓦解他的斗志，待敌人士气沮丧、溃不成军，再捕捉它，这样就可以避免流血。

在打仗中，只有消灭敌人，夺取地盘，才是目的。如果逼得穷寇狗急跳墙，垂死挣扎，己方损兵失地，是不可取的。放他一马，不等于放虎归山，目的在于让敌人斗志逐渐懈怠，体力、物力逐渐消耗，最后己方寻找机会，全歼敌军，达到消灭敌人的目的。

诸葛亮七擒七纵孟获绝非感情用事。他的最终目的是：在政治上，利用孟获的影响，稳住南方；在地盘上，次次乘机扩大疆土。在军事谋略上，有"变""常"二字。释放敌人主帅，不属常例。通常情况下，抓住了敌人不可轻易放掉，以免后患。而诸葛亮审时度势，采用攻心之计，七擒七纵，主动权操在自己的手上，最后终于达到目的。

当今社会是以市场经济为主旋律，"欲擒故纵"更加受到商界的推崇。这的确是个好策略。

有个大的电器公司，其产品质量上乘，在国内外享有盛誉，急需扩大生产规模，但公司当时拿不出那么多的资金搞扩建项目，比较可行的办法是兼并其他的小企业，改造利用小企业原有的设备。

如何兼并对方？如果对方一点好处都得不到，怎么会俯首称臣呢？电器公司给了小企业三大好处：一是抽一部分技术人员对小企业职工进行培训；二是拿出一部分资金对小企业原有设备进行改造；三是在产品质量合格的前提下，小企业可使用公司的品牌。

结果，这些小企业被轻而易举地吞并了，这家大电器公司，少花了70%的资金，扩大了生产规模，增加了盈利。这就像先播种后收获一样，先博得对方的好感，达到我们的目的，这比主动出击成功率要高得多。人们在接受一项崭新的事物时，都需要一段适应的时间。

谈生意也是这样。双方在开始的时候，往往都会怀着一些不大实际的想法，抱着各种固有的己见，希望顺利地达到自己的目标。可是，磋商的过程常常会使双方突然地醒悟过来，买方所希望的价格竟然成了不可能的事，卖方所期待的迅速成交也成了泡影。

事实证明，买方与卖方都不可能马上适应这些新发生的且不为他们所理解的现实。一般来说，买卖双方在谈判过程中，买方总是需要充分的时间来考虑是否接受出乎其意料的高价，而卖方在交易刚开始的时候，也从不准备降低预定的价格，这需要足够的时间使双方适应，才能最终达成协议。因此，买卖双方都要多为对方设身处地想一想，不要急于迫使对方让步。

尤其要注意的是，许多外国人谈交易总是离不开酒吧。只要我们刚踏上对方的领地，他们就会亲切地接待。经过长时间的旅途颠簸，我们一定想先找一个宾馆好好地睡上一觉。

可是，当我们刚一下飞机或者火车，就有一位美丽的公关人员来欢迎我们，并且立刻告诉我们，她已经替我们安排好了一个美妙的夜晚。即使我们告诉她自己有多么疲倦也没有用。这时候，我们为了不伤害她那高昂的热情，只好乖乖地就范了。

在晚宴上，我们吃得好喝得足，直到很晚才回到宾馆，我们会庆幸自己确实度过了一段非常美好的时光。可是，第二天一清早，谈判者请我们参加会议，谈判者开始一项一项地与我们讨价还价。此刻，我们的睡意还浓，头脑还不清醒，无疑会容易被对方征服。且慢！当心快速成交！要告诉对方我还不明白，我还没考虑好。

市场销售与踢球一样，终端销售就等于临门一脚。如何采取有效的终端策略，对准各类消费者的需求和防线，从不同的角度进行强烈的攻击，从而最终飞起临门一脚，将球送进对方的球门，已经成为各个企业共同关注的热点问题。

7. 避实就虚，永不让步

强者在人生进程过程中，懂得迂回而进，循循善诱，亦即能避其锋芒。"避其锋芒绕道行"，就如刀刃和刀背一样，刀刃很锋利，可以伤人，甚至可以置人于死地；而刀背最多能让我们受点轻伤，无关紧要。避其锋芒，并不是要我们消极地避，而要采取积极主动的态度，要在避的过程中，做出迎战的准备。当别人刀刃不快的时候，就是我们出击之时。

从这个意义引申出来的，就是从旁边着手，不与之正面冲突，就如骂人：他偷东西，我们骂他是贼；他抢东西，我们骂他是盗，这是笨人。骂人必须先明虚实掩映之法，需要烘托旁衬，旁敲侧击，于要紧处只一语便得。所谓杀人于咽喉处着手。

欲抑之，先扬之，即便说些恭维话亦不为过，这样的骂法才能显得所骂的句句是真实确凿，让旁人看起来也可见得我们的度量。在军事上有句："补足成功，免除失败。""集结力量形成压倒优势，这是高于一切的基本原则。"

在我们的日常生活中，避其锋芒绕道行，也是一种迂回战术。正面不能进攻，我们不如从侧面进攻，进行"旁敲侧击"。这种旁敲侧击也就是我们平常所说的"逆向思维"，即"换一个角度看问题"。这实际上是一种思维定式和一种思想方法。但是就是这个"思维定式"或"思想方法"的正误，往往在我们的经营活动中起着举足轻重的作用。错位竞争是逆向思维的一种操作方式。

所谓"错位竞争"，用厂家和商家的通俗语言来表达，就是：你干这一行，我干那一行；你这么干，我那么干。与低层次的价格竞争相比，错位竞争因其独特的、出其不意的竞争理念而别具一格，因而其竞争空间愈加广阔，更加容易收到事半功倍的效果。

在一个个经济热点中，由于人们的从众心理，盲目跟风，大家一拥而上，往往造成经济泡沫，结果绝大部分的投资者都赚不到钱，反而会亏本。我们未第一个发现金矿，未能第一个掘到第一桶金，也许我们永远挖不到金子，因为挖金子的人太多了。

大量的事实证明，许多时候，业内跟风不是一条成功之路，业外跟风也无可取之处。回报再丰厚的项目，随着蜂拥而上的投资者的介入，也会很快失去魅力；再平常的项目，只要率先被市场认可，也会形成滚滚财源。

"换一个思路想问题"，也许就能在经济热点中"柳暗花明，独辟蹊径"。这是经济学上所谓"搭便车现象"，即自己不费创新成本，便可分享他人的创业利润，在市场过热时，避开热点寻良机，开发相邻产业，利用经济热点所扩大的市场容量，赚取额外利润。

8. 静观其变，适时出手

强者非常善于观察，能够在观察中准确地找到对手的弱点；然后，从其弱点处下手，一举解决问题。这种战术运用，总结出来就是"静观其变抓痛处"，亦即以静制动。

以己之"静"制敌之"动"。静不是绝对静止，而是静观、细察、周密思考。猝遇强敌或突变，常须此计。

"静"这个字，我们时时刻刻都离不开它。门整天不断地关和开，而户枢却常静止着；漂亮和丑陋的面容天天在镜子前"流连"，而镜子却常常静止着；唯独有"静"才能制"动"。如果随波逐流，随动而动，所要做的事就很可能没有什么结果。即使在睡觉的时候，假如不保持宁静的心境，所做的梦也会乱七八糟的。

任何盲动不如不动。静，有时比动更有力量。以静制动也要根据具体情况，灵活运用。静观并不等于消极，相反还能造成某种气势，迫使对方就范，自己便坐收其利。

"以静制动"的静和动不是绝对的，它们相互关联，并能时时转化。其实静中也有动，动中也有静，静和动的区分只能看谁占主导地位了。以静制动的关键是我们要善于观察，于细微处发现对手破绽，及以己之静来克制别人之动，最后攻其要害，达到自己的目的。

"心急吃不了热豆腐"，在与对手过招时，如果我们急功近利，快人快语，会给自己带来不必要的损失。"紧开口，慢眨眼"是前人处事的经验。无论做事还是与人交谈，在清楚和了解事情起因及别人说话的目的之后，再阐明自己的观点。这既会使自己有的放矢，又会给对方留下良好的印象。

我们要学会做一个有耐心的听众，并且把我们对他的尊重和诚意表现在脸上。在工作中，最大的错误就是高谈阔论，"我"字不离口："我想担任这个职务，因为我有足够的把握和能力""我的设想是……"

"我的需要是……"，他们普遍缺少倾听的耐心，对别人说些什么很少认真地去听，而是只忙于考虑接下来说的话。其实倾听艺术也是以静制动的一种方法。它为我们解决生活、工作中的难题，提供了不可缺少的一种手段和方法。

9. 一击成功，毫不犹豫

强者善于等待时机，"该出手时才出手"。

"该出手时才出手"是指等待时机，等时机成熟了，再去谋事，它实际就是"以逸待劳"。让对手处于困难局面，不一定只能用进攻之法。关键在于掌握主动权，待机而动，以不变应万变，以静对动，积极调动对手，创造战机；不让对手调动自己，而要努力牵着敌人的鼻子走。但我们并非消极被动地等待，也不是柔弱无能，而是柔中有刚，刚中有柔。

这种方法的精髓在于以小变应大变，以不变应万变，以静态应动态，这是我们开拓人生事业的一个法宝。

必要的退让可以换来更大的利益，一味地咄咄逼人则有可能使我们陷入死胡同。当然，退让策略的运用，既要适时，又要得体，一定要充分掌握对方的心理活动，使自己有必胜的信心；同时，要对自己控制局势的能力有正确的估计，万不可不分时机地滥用。

"该出手时才出手"这种智慧在现代经营之中也是经常用到的一种方法。利用此法需要经营者心理承受能力好，在和对手进行斗智斗勇的过程中，要耐得住时间，耐得住各种各样的诱惑和小恩小惠，保持良好的自我状态，才能赢得自己真正的需求。

在生意场上，甘愿妥协退步，不是目的，而是以退步赢得时机，休息静思，想出奇招，终使自己获益。因为必要的退步是换来更大的利益的保证，万不可在经营不利的情况下，盲目与对手硬拼，一定要停下来寻找机会，等待时机。

英国友尼利福公司经理柯尔在企业经营中，有一个基本的信条，即

"不拘束于体面，而以相互利益为前提"。依据这一信条，他在企业经营和生意谈判中常常采用退让策略。

在一定情况下，甘愿妥协退步，以赢得时机发展自己，结果可能是退一步进两步，实质上还是自身获益。

退让策略，其实也是一种后发制人策略，它是敌强我弱时常用的谋略。后发制人运用得当，常可以弱胜强、以少胜多。

从政治上讲，后发制人容易争取人心，动员民众，取得国际同情和支持。从军事上讲，后发制人强调以我之持久，制敌之速决，避免在不利时进行决战，以便争取时间，创造条件取胜。

从市场竞争上讲，后发制人避免与强大对手硬拼，而等到对手走下坡路时，再乘机出击。

后发制人的谋略主要表现为八个字：避其锐气，蓄盈待竭。蓄盈，即保持和壮大自身的力量；待竭，即消耗和削弱对手的力量。"后发"的计谋是有目的、有预见、胸有成竹的，绝不是畏敌怯战，而是寻机待战。

第四章　强者的行动指南

强者天生就具有一种战斗性格，可以说战斗是强者生命的本质。当今社会风云变幻，成功机会转瞬即逝。我们要理智地、身体力行地分析现状，果断采取行动，以坚定地付诸行动的决心和不断超越现状的执着追求，走向成功之路。

1. 心动就立即行动

现代社会，生存环境十分严酷，但无论我们的一生中要遭遇多少挫折，也无论每一次的挫折有多么严重，我们都不应该颓废，因为不能从上一次次的挫折中走出来，而只是一味地沉浸其中，那么，结果只能是一个，那就是失败。

梦想是强者的起跑线，决心则是起跑时的枪声，行动犹如跑者全力的奔驰，唯有坚持到最后一秒，方能取得成功的锦标。

一个人的成功关键在于行动。因此，我们主张，既重心动，更重行动。决定是银，行动是金。只有行动，理想才能变为现实；只有行动，才能一步一步地迫近成功；只有行动，才会有结果。就像草原上的狼，只有行动，只有奔跑，才能捕获到猎物，才不至于被饿死。

行动的重要性人皆知之，只要我们认真回想和总结自己的一生，我们就会发现，我们的所有成功、所有收获，哪怕是最小最微不足道的，都是行动的结果。从小的时候，我们刚出生时的牙牙学语，到试着跨出人生的第一步，到我们走向社会，在人生的海洋里畅游，练得一副好身手，无一不是行动的结果。

然而，当我们用目光扫视人群时，我们就会发现，不同的人对行动有不同的理解，不同的人有不同的行动。有的人是在迫不得已时，才跨出一步半步，有的人则以积极的姿态时时刻刻积极行动。同样都是行动，但这两种不同的行动态度、行动方式会产生两种截然不同的行动结果，形成反差很大的两种人生。

一个人光有梦想是不够的，要想成功，我们必须具有为自己的理想认真地追求到底的决心，并且马上行动。

不能把今天的事留给明天，即使我们的行动不会带来快乐和成功，但是行动的失败总比坐以待毙好。行动也许不会结出快乐的果实，但是没有行动，所有的果实都无法收获。

在狼的世界里，头狼不是选举出来的，更不是"走后门"的结果。要成为头狼，必须靠打拼，靠行动。"做"是一件事情成功的关键所在，也就是我们平常所说的行动是化目标为现实的关键。的确，人生伟业的建立，事业的发展，不在于能知，而在于能行。

虽然行动并不一定能带来令人满意的效果，但不采取行动是绝无满意的结果可言的。行动是件了不起的事，也只有它能够使我们的人生目标变为现实。

如果没有行动，那么，我们的幻想毫无价值可言，我们的计划也不过是一堆废纸，我们的人生目标也不可能达到。

一张地图，无论绘制得多么详细，比例尺有多么精密，但它不能带给他的主人在地面上移动哪怕一寸。一部法典，无论它多么公正，但它绝不能预防罪恶的发生。一本教我们如何成功的经典，无论它写得如何精彩，但它绝对不会给我们赚回一分钱来。只有行动，才是我们成功的起点，才能使我们的幻想、我们的计划、我们的目标，成为一股活动的力量。行动，才是滋润我们成功的食物和水。

在我们的地球上，每天都有成千上万的人把自己辛辛苦苦、苦思冥想出来的新构思打消或者埋葬。因为他们拖延着，不敢行动；过了一段时间，这些构想又会来折磨他们。

客观地说，我们身边的大多数人其实都想成功，很少有人愿意窝囊地活着。但是，真正成功的人毕竟是少数，因为大多数人只是有想法，并没有将计划付诸行动。他们拖延着，幻想着，人生就在这幻想与拖延中蹉跎。

拖延是恐惧失败的产物，我们要想征服恐惧，只有毫不犹豫地起来行动。只有行动，我们心里的恐惧才会一扫而光。

我们不能逃避，把今天的事情拖到明天去做，因为明天其实是永远也不会来临的。所以我们今天就要做完今天的事情，即使行动不会使自己快乐，也可能行动并不一定使我们成功；但是，行而失败总要比坐以待毙好。

成功的快乐可能不是行动所摘下来的果子，但是，如果没有行动，所有的果子都会掉在地里烂掉。所以，我们要时时记住，要成功，只有起来行动。当失败者想休息的时候，我们就去工作；当失败者仍在沉默的时候，我们就去说话；当失败者说太迟了的时候，我们已经做好了。

如果我们现在有一个好的目标，就马上行动。

立刻行动，立刻行动，立刻行动！从今往后，我们要一遍又一遍，每时每刻重复这句话，好比呼吸一般，好比眨眼一样，直到成为一种条件反射。有了这句话，我们就能调整自己的情绪，去迎接挑战。

今天的一切是我们的所有。明天是为懒汉保留的工作日，我们并不懒惰；明天是弃恶从善的日子，我们并不邪恶；明天是弱者变成强者的日子，我们并不软弱；明天是失败者幻想成功的日子，我们并不是失败者。努力应从今日起，无限风光在眼前！

从现在开始努力，并时刻告诫自己：绝不可坐以待毙。因为大好的机遇，从来都垂青于懂得珍惜生命和把握现在的人！

生活在竞争时代，除非行动，否则死路一条。

追求成功不能等待。如果我们迟疑，她就会投入别人的怀抱，永远弃我们而去。现在就付诸行动吧！

2．自动自发地行动

无论是任何人，在生活和事业中，如果主动进击，就不会被社会淘汰。人世间的许多事，只要想做，都能做到，该克服的困难，也都能克服。关键是看我们是否有一颗主动进击的心，能不能自动自发地行动。只要自己对某一事业感兴趣，长久地坚持下去就会达到目的，因为上帝赋予我们的时间和智慧足够我们圆满做完一件事情。

并不是因为事情难我们不敢做，而是因为我们不敢做事情才难的。这就需要我们在工作和生活中自动自发。自动，指的是随时准备把握机会，展现超乎他人的工作表现，以及拥有"为了完成任务，必要时不惜打破常规"的智慧和判断力。自然界中没有一只狼是坐享其成的，生活中的"墨守成规、坐享其成"也必然没有存在的空间。

要想在现代社会中获得成功，就必须努力培养自己的主动意识：在工作中要勇于承担责任，主动为自己设定目标，并不断改进方式和方法。

此外，还应当培养推销自己的能力，在领导或同事面前要善于表现自己的优点，有了研究成果或技术创新之后要通过演讲、展示、交流、论文等方式和同事或同行分享，在工作中犯了错误也要勇于承认。只有自动自发的人才能在瞬息万变的竞争环境中获得成功，只有善于展示自己的人才能在工作中获得真正的机会。

自动自发地工作，我们每个人都有成功的机会，关键是我们要具有主动的意识。竞争，大家已经很熟悉了。其实整个世界都存在着竞争，人类社会，包括大自然都是优胜劣汰的。社会中的竞争意识更是我们所必须具备的一种"能力"。

这里所说的主动，其含义不仅限于采取主动行动，还代表我们必须为自己负责。个人行为取决于自身，而非外在环境；理智可以战胜感情，人有能力也有责任创造有利的外在环境。

责任感是一个很重要的观念，能够积极主动的人深谙其理，因此不会把自己的行为归咎于环境或他人。我们待人接物是根据自身原则或价值观做有意识的抉择，而非全凭对外界环境的感觉来行事。

积极主动是人类的天性，如若不然，那就表示一个人在有意无意间选择了消极被动。积极主动的人，心中自有一片天地，自身的原则、价值观念是关键；消极被动的人，很容易被环境所改变。这些都取决于我们的思想。

积极的人，像太阳，照到哪里那里亮。想法决定我们的生活，有什么样的想法，就有什么样的未来。有积极想法的人，未来同样也是光明的。

美国小罗斯福总统的夫人曾说："除非我们同意，任何人都不能伤害我们。"用印度民族主义者和精神领袖圣雄甘地的话来说就是："若非拱手让人，任何人无法剥夺我们的自尊。因此，令人受害最深的不是悲惨的遭遇，而是默许那些遭遇发生在自己的身上。"

在远古的时候，有两个朋友，相伴一起去遥远的地方寻找人生的幸福和快乐，一路上风餐露宿。在即将达到目标的时候，遇到了风急浪高的大海，而海的彼岸就是幸福和快乐的天堂。

关于如何渡过这海，两个人产生了不同的意见，一个建议采伐附近的树木造出一条木船渡过海去，另一个则认为无论哪种办法都不可能渡过这个海，与其自寻烦恼和死路，不如等海水流干了，再轻轻松松地走过去。

于是，建议造船的人每天砍伐树木，辛苦而积极地建造船只，并学会了游泳；而另一个则每天躺着休息睡觉，然后到海边观察海水流干了没有。

直到有一天，已经造好船的朋友准备扬帆出海的时候，另一个朋友还在讥笑他的愚蠢。

不过，造船的朋友并不生气，临走前只对他的朋友说了一句话："去做每一件事不一定都成功，但不去做每一件事则一定没有机会成功！"

大海终究没有干枯掉，而那位造船的朋友经过一番风浪，最终到达了彼岸。这两人后来在这海的两个岸边定居了下来，也都繁衍了子孙后代。

海的一边叫幸福和快乐的沃土，生活着一群我们称为勤奋和勇敢的人；海的另一边叫失败和失落的原地，生活着一群我们称之为贫穷和懦弱的人。

我们可以从故事中读出一种信号：不积极主动的人，只能是躺在原地永远地"休息"下去，是不会与成功相遇的。

我们还可以从中发掘出以下道理：

躺着思考，不如站起行动！

无论我们走了多久，走得多累，都千万不要在成功的家门口躺下休息！梦想不是幻想！

是啊，没有自愿走向狼的羊，天上不可能会掉"馅饼"的。成功靠的就是积极主动，我们不可能对外界的物质、精神与社会刺激无动于衷，我们应该努力去适应社会。

有一位教授曾经说过："适应环境本身就是奋斗的组成部分。"不管外部的环境怎样，我们的回应都应该是将命运掌握在自己的手中。

3．无惧无畏地冲锋

强者是无惧的，这种无惧无畏的精神来源于不断地行动。只要一行动，恐惧就会自然被消灭。因为行动就有收获，无论是成功或是失败，都会给人以启迪。

恐惧是最基本的情感之一，也是一种重要的心理反应。这种反应增强了保护自己和逃避危险的能力。但是，恐惧也可以使人的意识变得狭窄，降低判断力、理解力，甚至使人丧失理智和自制力，使行为失控。长期处于恐惧状态中，会严重地影响寿命。

两只同窝出生的羊羔在相同的阳光、水分、食物等条件下生活，一只与拴着的狼为伴，因恐惧而不思饮食、消瘦而死亡；另一只则健康生长。

克服恐惧，我们首先要相信自己，我一定行！没有天生的成功者，也没有天生的失败者，每个人都是世间独一无二的，没有谁可以代替。恐惧的产生，实际上就是一个人的心态问题。只要我们用自己良好的心态去面对，选择坚强勇敢，那么灾难、困难在我们面前就会显得十分渺小了。

康宁汉小时候因为一次火灾而下半身被严重烧伤，连医生都说："这孩子的下半身被火烧得太厉害了，活下去的希望实在太渺茫。"

这个男孩不愿意就这样被死神带走，他终于熬过了关键的时刻。然而他在手术后虽然保住了两条腿，却整天只能坐在轮椅上，他的下半身毫无知觉，两条细腿衰弱地垂在那里。然而他要用自己的腿走路的决心从没有动摇过。他让妈妈每天为他按摩双脚，自己每天都尝试活动那毫无知觉的脚。

终于有一天，在跌倒了无数次之后，他颤颤巍巍地站了起来，迈出了第一步。他的膝盖、手臂多处都磨出了血迹，但他始终没有放弃过锻炼。后来他不但学会了走路，甚至还加入了田径队。在一次运动会上，他跑出了全场最好的成绩。

在灾难面前，我们往往束手就擒，甚至怨天尤人。扪心问问自己，我真的陷入了绝境了吗？绝境尚可有逢生的机会，问题是我们是否勇敢地去面对了。

请大声地告诉自己：我是世界上最伟大的、最成功的人！很多看起来很恐怖的困难，其实都是纸老虎，之所以看上去那么恐怖，只是因为我们的决心还不够坚定，目标还不够明确！

"伟人之所以伟大，是因为他与别人共处逆境时，别人失去了信心，他却下决心实现自己的目标。"

在工作中，如果我们每每遇到困难，就绕着走，久而久之，工作上的恐惧就会随之而来。我们要敢于跨越工作上的困难，要敢于挑战自我，要敢于向看似"不可能完成"的事情挑战。只有这样，我们才能出色地完成工作；也只有这样，我们才能战胜自己心理上的恐惧。立即行动吧！这是战胜恐惧心理的一剂良药。

4. 心中具有必胜信念

在西班牙生活的狼，为了捕获极善于攀岩的岩羊，事先会经过非常周密的计划，有时候为了捕获猎物，它们甚至几天之内都不进食。狼这样做其实是非常冒险的，因为猎物能否到手还是未知数，但是狼群对自己永远充满信心。任何人的生存，都需要信念，如果在生命里剔除了信念，那么也就无异于行尸走肉。

不同的人树立不同的信念，可能有的人每天都有新的信念诞生。他总是想到的信念，就是早能吃饱，晚能睡安，如此而已；还有的人可能一生只有一个信念。

只有那些有远大理想的人才具备永恒的信念。拥有了坚定的信念，就必须根据那些信念行事。信念是不会让人失望的，我们常常因拒绝克服困难而出卖了信念。

《如何过一年三百六十五天》一书的作者约翰·A.辛德勒博士告诉我们："成熟是要经过学习才能达到的。"而且往往都得通过痛苦挣扎才能学习到。

工作就是我们不断成熟的过程，也是我们不断训练自己的信念的过程。对我们所在的公司，一旦有了坚定的信念，并依照自己的信念行事，我们一定会对此感到无比的快乐。同时，我们也会在工作中学到很多做人的道理，逐步养成自己的优良品性。

一个人的信念往往表现在所做的事情上。如果我们对所做的事都没有信念，试想还能将事情做好吗？

是的，重要的是行动。如果我们不加以行动的话，再发人深思的哲理对我们也毫无用处，我们"结出的果实"将苦涩得难以入口，我们的生活也将虚伪不实。

5. 要有永争第一的心态

在人的身上，有种神秘的力量叫作进取心。这是一种人人皆有永争第一的心态。它使我们向目标不断努力。它不允许我们懈怠，它让我们永不满足，每当我们达到一个高度，它就召唤我们向更高的境界努力。

如果想成为一个具备进取心的人，我们就必须克服拖延的习惯，把它从自己的个性中除掉。这种把应该在上星期、去年、甚至好几年前就要做的事情拖到明天去做的习惯，正在啃噬我们意志中的重要部分。除非我们改掉了这个坏习惯，否则将难以取得任何成就。

进取心是摆脱颓废的最佳手段。一旦我们形成不断的自我激励、始终向着更高的境界前进的习惯，身上所有的不良品质和坏习惯都会逐渐消失。个性品质中，只有被鼓励、被培养的品质才会成长，而消灭不良品质的最好方法就是消灭它们赖以生存的环境和土壤。

人们很早就意识到进取心在叩响自己心灵的大门，但是，如果不注意它的声音，不给予它鼓励，它就会渐渐远离。正如其他未被利用的功能和品质一样，雄心也会退化，甚至尚未发挥任何作用就消失得无影无踪了。

即使最伟大的雄心壮志，也会由于多种原因受到严重的伤害。拖延、避重就轻的习惯都会严重地削弱一个人的雄心，影响一个人的雄心壮志。

如果发现自己在拒绝这种来自内心的召唤要留神，别让它越来越微弱以至消失，别让进取心衰竭。当这个积极的声音在我们耳边回响时，一定要注意聆听它。它是我们最好的朋友，它将指引我们走向光明和快乐。

第三编　强者的团队合作精神

　　强者的团队合作精神，就是分工协作，团结一致，追求最大的效益。团队合作要求其成员善于沟通，彼此忠诚，在协作中遵循一定的规则，以铁一般的纪律约束自己。强者的力量来自团队，而团队的力量可以战胜一切。

第一章　无坚不摧的团队力量

1. 学会运用团队的力量

团队协作能激发出团队成员不可思议的潜力，让每个人都能发挥出最强的力量。团队的力量是巨大的，一加一的结果远远大于二，也就是说，团队工作成果往往能超过成员个人业绩的总和。

一般说来，高效的团队是由一群有能力的成员组成的。他们具备实现理想目标所必需的技术和能力，而且相互之间有能够良好合作的个性品质，从而出色地完成任务。

生活的强者往往能够运用团队的力量来实现自己的人生目标。

在当今社会中，经常可以看到这样的情形，创业时几个人都能互相配合，鼎力相助，在没资金、没人才、没项目的困难条件下都能取得成功。可是当企业做大以后，却会发生个人英雄主义膨胀，在有资金、有人才、有项目的情况下，导致企业垮台。这里面的原因何在？

所有这一切都不言而喻。没有组织的概念，没有团队的精神，他的所谓的组织充其量是一个集合体。

团队与集合体相比较：集合体没有共同的工作目标，而团队有；集合体没有多变的结构，而团队有；集合体没有领导核心，而团队有。团队是需要营造的，高竞争力的团队需要管理，而非搭建。团队的个人目标和集体目标是一致的，个人业绩和团队业绩是统一的，这样才能协同作战，在竞争中取得成功。

现代生活，个人之力实在太渺小了，只有依赖合作的精神和团队的力量才能取得成功。如果没有团队合作的精神，个人的计划再精彩，可能也不会完满实施。无论是一个家庭，还是一个公司，或是一个社会，一个人的本事再大、能力再强，如果要做成一件事，没有其他人的帮助、协调是根本不可能成功的。

特别是在当今激烈竞争的年代，随着世界经济的发展，社会分工越来越细化，个人英雄主义时代已成为历史，单打独斗、尔虞我诈的无序竞争即将过去，你中有我、我中有你的合作竞争时代已经来临。不面对这一现实，不遵守这一游戏规则，被淘汰出局的将是自己。

以合作的态度工作，既要明白自己的工作目标，也要知道别人在考虑什么、关心什么，相互理解，才能达到共同的目标。这就是我们所说的团队所要解决的问题。

那么，什么是团队呢？

团队是由两个或两个以上的人组成的，通过成员彼此之间的相互影响、相互作用，在行为上有共同规范的介于组织与个人之间的一种组织形态。其重要特点是团队内成员间在心理上有一定联系，彼此之间发生相互影响。那些萍水相逢、偶然聚合在一起的一群人，虽然在时间、空间上有某些共同特点，但他们在心理上没有什么相互影响和相互作用，因而称不上团队。

形成团队的基本要素有以下几个方面：

其一，成员们有着共同的目标。为完成共同目标，成员之间彼此合作，这是构成和维持团队的基本条件。事实上，也正是这个共同的目标，才确定了团队的性质。必须是先有目标，后才有团队。

团队的目标赋予团队一种高于团队成员个人总和的认同感。这种认同感为如何解决个人利益和团队利益的碰撞提供了有意义的标准，使得一些威胁性的冲突有可能顺利地转变为建设性的冲突。

有团队目标的存在，团队中的每个人才都知道个人的坐标在哪儿，团队的坐标应在哪儿；否则就将黑白颠倒，轻重不分，团队也将面临灭顶之灾，失去了存在的价值。

有团队目标的存在，才使得团队成员在遇到紧急情况、面临失败风险等情境下能够全身心地投入，统一思想，形成合力。恐怕除了团队，没有个人能够做到这一点，因为上述这些事件是对他们整体的挑战。

其二，各成员之间互相依赖。从行为心理上来说，成员之间在行为心理上相互作用、直接接触，彼此相互影响，彼此意识到团队中其他个体的存在，相互之间形成了一种默契和关心。不论何时，不论需要怎样的支持，成员之间都互相给予，而且他们也总是彼此协作，共同完成所需完成的各项工作。

其三，各成员具有团队意识。团队成员具有归属感，情感上有一种认同感，意识到"我是这一团队中的人"，"我是这一群体中的一员"。每个人都发自内心地感到有团队中他人的陪伴是一件乐事。彼此心里放松，工作愉快。所以说，团队意识和归属感，形成了团队的深刻意义。

其四，团队成员具有责任心。所有真正的团队，其队员都要共同分担他们在达到共同目标中的责任。世界上没有任何一个团队中的成员是不承担责任的，如果大家都不承担责任，实现共同的目标无疑是空中楼阁。

请试想一下"老板让我负责"和"我们自己负责"之间这一微妙却极其重要的区别。前者是老板让我做，含有被动的成分；后者是我们自己要做，含有主动的成分。"我们自己负责"这么一句简单的话，却道出了一个核心问题，那就是我们自己对团队的承诺，以及团队对我们的信任。事实上，当我们为了一个共同的目标走到一起的时候，也就不可避免地承担起对团队的责任。

团队主要有哪些作用呢？

团队精神之所以风行于世，主要体现在其独特而强大的作用上。一个训练有素的团队，往往可以出色地完成组织的各种任务，并使成员在完成任务的同时得到满足。

组织是由团队构成的。团队是组织联系个体的桥梁与纽带，是组织的正常工作机制。组织的任务目标，要靠它所管辖的团队来完成。也就是说，一个组织要实现其目标，必须依据分工协作的原则，把总目标分解为若干分目标，分配给所属团队去完成。完成组织交给的任务，是团队的主要作用与功能。

团队可以满足个体的心理需要。人不同于动物，人除了有生理需要外，还有心理需要或精神需要。而人的心理需要是在人际交往中获得的，是在组织、团队工作、生活中实现的。具体说，团队可以满足人们的下列心理需要。

第一，归属需要。归属需要是人的一种基本需要，就是每个人都希望被一个组织所接纳，成为某个组织的一员，当然自己也愿意参加这个组织，以成为这个组织的一员而自豪。由于组织是由团队构成的，一个人的归属说到底是归为一个团队。

归属问题解决了，这个人才有"着落"和依靠。一个人如果归属问题得不到解决，必然是孤立无援，心绪难宁，才智难展。这是心理上的"失群效应"。

第二，安全感需要。一个人生存在社会上，总会遇到各种困难和危险，包括自然的和社会的困难与威胁。一个人只有在一个团队之中，大家相互依赖、相互支持和帮助，才能免受自然的和社会的侵害，才会免于被孤立，获得安全感，增强信心和力量。

第三，尊重需要。尊重需要是人的精神需要，包括自尊和受到他人的尊重，这是一切正常人的共同心理。倘若一个人的行为不被他人尊重，换言之得不到他人的承认，就会产生失落感，甚至丧失生活的信心。

团队的存在，为满足个体的尊重需要提供了条件。在一个团队内，大家朝夕相处，患难与共，彼此了解，只要自己行得正，终归会受到他人的尊重。

第四，成就需要。成就需要是人的最高级需要。一个人要获得成就，总是离不开他人的鼓励和帮助。同时，他的成就总要有人承认，才具有现实意义。一个人若游离在团队之外，其成就需要是无法满足的。

团队是为了实现组织目标而产生的。为了实现组织交给的任务，为了团队的健康发展，任何团队都要用一定的规范协调人们的行为和相互关系，形成一个有"战斗力"的团队。

团队规范有成文的，也有习惯成自然的。规范人们的行为，协调人际关系，这是管理的一项重要任务和职能。团队搞好了，对组织、对社会都会产生积极影响。

2. 打造自己的一流团队

我们在一个团队中生活、工作，也应该与所在团队成员同心同力，因为团队是我们赖以生存的平台。

正如我们绝大多数人必须在社会机构中奠基自己的职业生涯一样，只要我们是公司的一员，就应该抛开任何借口，投入自己的忠诚和责任，处处为公司着想。

因为我们已是战斗团队中的一员，这个团队的成与败、荣与辱都与我们息息相关，也事关我们的荣辱与前程。团队的成功，也就是我们的成功，团队前途黯然，我们的前途也会很渺茫。团队的失败，也就是我们的失败。

要实现人生的梦想，单打独斗是行不通的。我们必须与团队的所有人携手合作，并和这些人成为最好的"战友"。大家互相支持，互相帮助，这样才会形成最强的战斗力。

这就是我们平常所说的"集中效能"，也就是聚沙成塔、滴水穿石的道理。把团队各成员的才华、技能，所学的知识，所受的训练与所有的专长都集合起来，我们就能创造一个组织，成为一个坚强的团队。

请记住，团队合作的成效，比单打独斗要强得多，大家朝同一方向努力，没有什么不能完成的。

当成为战斗团队的一员时，"我"就变成了"我们"。我们只有舍去部分的自我，整个团队才会有茁壮成长的可能。

在团队中，除了要让每个人都有自我成长、完成目标的机会之外，也要让整个团队为设定的远景目标而努力。如此一来，便能达成个人与团队的"双赢"。

放眼一流的战斗团队，他们之所以能成为出类拔萃的团队，无非是因为他们的成员能抛开自我，彼此高度信赖，一致为整体的目标奉献心力的结果。

在团队中，我们要为每个成员设身处地地想一想。一个成员的成功，也就是我们大家的成功。因此，我们身为其中的一员，就更应该尽好自己的本分，与大家同心协力。团队取得的成就，也就是我们自己的成就。我们要以争取第一为目标，不求"更好"，只求"最好"，任何事都力争做到极致。

团队中每个成员，只要都能发挥自己的能力，能够心往一处想，劲往一处使，这样的团队，才是战无不胜、无坚不摧的。

3. 塑造团队的顽强作风

团队需要营造一个积极向上的、和谐共进的共同的立场氛围，换句话说，需要打造一种顽强的团队力量、修炼一种执着的团队精神，领导就是其中的决定性因素，领导就是打造顽强团队立场的中流砥柱。因为俗话说得好，无论在哪一个优秀组织里，领导都是站得高、望得远，走在前面的"带头大哥"。

一个团队的领导者，必须要具有昂扬的斗志和战斗的激情，抱定必胜的信心。最重要的还要有顽强和坚韧的精神，并用这种精神感染团队的每一个成员，这才是确保团队生存和胜利的根本。

如果一个人对自己正在进行的工作充满怀疑，那么他就不会全身心地投入工作，不能以坚韧的意志和顽强的精神贯穿始终，遇到困难马上就会退缩，这样他所做的工作就会前功尽弃、半途而废。尤其是一个团队的领导者，如果他在困难挫折面前丧失了信心和继续战斗的勇气，那等待这个团队的就只有灭亡。

领导者的顽强和坚韧，就像一面旗帜。有旗帜在前面引导，团队成员就会有明确的战斗方向，奋勇向前。若没有旗帜指导的话，这个团队就会像一盘散沙，没有前进的方向，没有凝聚力，很容易就被对手击败。

有了顽强和坚韧，并不等于就取得了成功，成功需要机遇，但成功者一定都有坚韧和顽强的精神。美国西方石油公司最大的股东兼公司总裁戴维·霍华德·默多克，小时候家境贫穷，只接受过相当于高中程度的文化教育。对于他来说，资本、学识、家境、机遇都不是成功的决定性因素。

默多克曾经用两个单词概括自己成功的秘密，即：顽强与坚韧。与默多克共同经营一家房地产公司的一位朋友说："戴维最大的财富，就是他所具有的顽强与坚韧的精神。"要生存，就要进取；要成功，就要坚韧。默多克正是凭借这种自强不息、勇于面向挫折、困难挑战的不屈毅力，才取得了事业上的成功。

对于一个团队来说，顽强与坚韧是最锐利的武器。这种精神就像长矛一样，在团队全体成员的共同努力下，可以刺破世界上所有厚重的盾牌。我们没有必要为顽强和坚韧贴上太多的标识，因为它的作用是客观存在的。世界上没有一个公司的崛起、一个团队的成功可以离开顽强与坚韧的精神。

4. 整体配合与分工协作

在团队合作和分工协作方面，生活在大自然的狼的做法特别值得我们人类借鉴。如果我们对狼的生活习性稍对研究就会发现，一群善于分工配合的野狼，往往可以战胜自然界一切庞然大物，哪怕是凶猛无比的美洲豹也得退避三舍，这就是赫赫有名的"狼群杀阵"。

在辽阔的北美草原上，美洲野牛是北美大陆上最为彪悍的动物，其平均体重达一吨，头顶长有锋利的双角，即使面对狮、虎这样极富攻击性的捕食动物，也毫不退缩。可是现在，野牛遇到了真正的对手，一群摆好阵型、准备猎杀它们的狼。

群狼在牛群四周游荡，并非漫无目的，而是目光紧紧盯住猎物，耐心等待，寻找最佳时机。北美野牛早已经觉察到危险，并且增强了戒备。虽然一只狼的体重平均仅有40公斤，和小绵羊的体重差不多，但是这些彪悍、强壮的北美野牛为什么还要担忧呢？那是因为群狼依靠自己独特的杀阵，无论猎取什么样的动物，每战必胜。

为获取成功，狼必须解决三个问题——选择合适的猎物、等待恰当的时机以及彼此协作狩猎。如果在选择目标时发生失误，最终会葬送自己的生命。所以，狼必须寻找相对较弱、老幼病残的猎物。

整个牛群休憩时，体弱的成员混杂在强壮的野牛里难以分辨，狼只得仔细观察、耐心等候。此时，狼如果贸然行动、继续靠近牛群的话，将遭到野牛的攻击。因此狼群的第一件事就是必须把体弱的野牛隔离出来。

渐渐地，群狼包围了野牛，空气异常紧张。强壮的野牛并不担心，它们没有受到威胁，但体弱的野牛无法抗衡。终于，一头野牛在奔跑中，进入狼群杀阵，被群狼捕获。

科学研究证实，事实上狼很少捕猎大型猛兽，只有在食物非常稀缺时才发动进攻。狼群善于捕猎比自己虚弱的动物，而很少攻击强壮的猎物。独自狩猎时，狼会遭到大型猎物的反击。这就是狼群采取全方位阵型进攻猛兽的原因。这个原则也适用于公司管理，即便是弱小的公司，只要内部员工团结起来，就能够在竞争激烈的市场上获得地位，击败那些看似庞大的跨国公司。

狼虽然非常凶狠，但它却是自然界最具有团队精神和竞争意识的动物。事实上，一个狼群通常来说不过七八只狼，但是战斗力非常强。面对狼群，最为凶猛的狮、虎也不敢招惹，会主动退避三舍，这就是狼群杀阵的威力。

市场竞争的法则是优胜劣汰，只有讲究团队作战，才能获胜。组织成员必须要像狼一样，相互合作，具备勇气、毅力和智能，才能不断击败竞争对手，赢得先机。

同时，团队中每个人也要有独狼意识，能够在某一个领域独当一面。应该说，"狼群杀阵"和"独狼意识"是现代公司管理的一个重要的部分，如果将狼群的生存法则运用到企业中去，必将大大提高企业的整体竞争能力。

套用到企业文化上面，就是每个人都有独特的一面，在某一方面能够独当一面；同时又是一个整体，每个人以自己独特的能力为团队贡献力量，行动迅速，理念一致，这样才能取得成功。

一个缺乏团队精神的企业很难在竞争激烈的市场中取得胜利，残酷的现实使得个人的力量进一步在社会中弱化。个人英雄主义的时代已经终结，一个公司只有依靠所有员工的努力，才能够做大、做强。

竞争激烈的现代企业最需要狼族的团队精神，孤胆英雄拯救一个公司命运的时代已经彻底结束。我们现在需要的不是一个英雄，而是一群英雄。"狼群杀阵"已经是公司取胜的重要法宝，它正在取代流行了上百年的管理哲学。

公司在某种意义上是团队的代名词，但这并不意味着它已是一个有效的整体。只有具备群狼精神的团队才真正具有杀伤力，否则只是一群乌合之众，并不具有战斗力。相反，他们反而使得团队更没有凝聚力，不如个体来得有力量。

"狼群杀阵"是一个团队真正意义上的整体配合、分工、协作，共同面对目标，发起一致的行动。这是许多企业培训时梦寐以求的结果，而这在狼的身上却充分体现了。我们可以通过管理仿生学，从狼群中直接学过来。

5. 高绩效团队的形成

在自然界里，狼是最有团队精神的动物，无论是热带还是寒带，到处都可以看到狼的踪迹。根据研究发现，狼一般都过着团队生活。

每一个家族内部，在头狼的统一指挥下，其成员各司其职，分工明确，大家发挥各自所长，团结合作，配合默契，共赴成功。狼族这种群策群力和其高效的团队运作方法，实在值得人类反省与借鉴。

唯有高绩效的团队，才是能征善战、能赢不输的团队。

高绩效团队的根本特征，主要体现在三个方面：

在内部结构方面，高绩效团队的内部结构特征包括共同的远景或愿景，共同的目标与有效的策略，高素质的成员，高效的沟通，高效的领导以及承担重要责任的权利和义务。

在外部环境方面，高绩效团队的外部环境特征可以概括为责任与权利的统一，激励与约束的统一，指导与支持的统一以及与外界的融洽关系。

在文化方面，高绩效团队的文化特征主要包括团队精神强，充满活力与热忱，团队成员不断进取。

高绩效团队和一般性团队相比较，其不同之处具体表现在以下八个方面：

（1）目标明确

成功的领导者往往都主张以成果为导向的团队合作，目标在于获得非凡的成就。他们对自己和群体的目标永远十分清楚，并且深知在描绘目标和远景的过程中，让每位伙伴共同参与的重要性。

高绩效团队的领导会经常和他的成员一起确立团队目标，并竭尽所能设法使每位成员都清楚了解、认同团队目标，向团队成员指出一个明确的方向。当团队的目标和远景并非由团队领导者一个人决定，而是由团队成员共同协商产生时，团队成员有一种拥有"所有权"的感觉，并从心底认定"这是我们的目标和远景"。

（2）团结互助

在高绩效团队中，可以经常看到团队成员与团队领导者自由自在地讨论问题，并请求："我目前有这种困难，你能帮我吗？"当大家意见不一致时，甚至立场观点对立时，都愿意开放胸襟，心平气和地谋求解决问题的办法，求同存异，采取和谐一致的行动。

（3）互相认同

在高绩效团队中，团队成员都能感受到"我感觉受到了别人的赞赏和支持"。我们可以经常听到"我认为你一定可以做到""你是最好的""你是最棒的""我们的团队不能没有你"之类的话。这些赞美、认同的话无疑是团队成员所需要的强心剂，提高了各成员的自尊、自信，并驱使各成员携手同心，共同去实现团队的目标。

（4）畅所欲言

高绩效团队会提供给团队成员双向沟通的舞台，每个人都可以自由自在地、公开地、无拘无束地、诚实地表达自己的观点、感受，甚至喜怒哀乐。即便某一观点听起来很离谱，也不会招致他人的白眼，因为他们知道，许多伟大的观点在第一次被提出来时几乎都被冷嘲热讽过。

群策群力必须有赖于大家保持一种真诚的双向沟通，只有这样才能使一个团队日臻完善。在高绩效团队中的团队成员都能感受到"做真正的自己"，可以畅所欲言而不必有任何顾虑。

（5）互相倾听

有一位团队领导说："我努力塑造团队成员们相互尊重，倾听其他伙伴表达意见的氛围。在我的团队里，拥有一群心胸开阔的伙伴，他们都真心愿意知道其他伙伴的想法。他们展现出其他团队无法相提并论的倾听风度和技巧，真是令人兴奋不已！"

（6）狂热参与

现在有数不清的组织风行"参与管理"，领导者相信这种做法能够满足"有参与就受到尊重"的人性心理。高绩效团队的成员身上总是散发出挡不住的狂热，他们相当积极主动，不放过任何参与的机会。

玫琳凯化妆品公司创办人玫琳凯·艾施说过："一位有效率的经理

人会在计划的构思阶段就让团队成员参与其中。我认为让团队成员参与对他们有直接影响的决策是很重要的，所以，我总是愿意甘冒时间损失的风险。"如果我们希望团队成员全都支持自己，我们就必须让他们参与，越早参与的成员总会支持他们参与的事情，这时团队所凝聚起来的力量绝对是无法想象的。

（7）各负其责

高绩效团队的每位成员都清楚地了解他所扮演的角色是什么，知道个人的行动对团队目标的达成会产生什么样的影响，知道什么该做什么不该做，彼此之间也清楚其他成员对自己的要求。

高绩效团队在分工之际，很容易建立起彼此间的期待和依赖，大家感到彼此间唇齿相依、生死与共。团队的荣辱成败中自己"占"着非常重要的分量，并且彼此间能避免发生矛盾冲突。

（8）死心塌地

真心地相互依赖、支持是团队合作的基础。李克特曾花了好几年的时间进行研究，发现参与式组织有一个特点——管理阶层信任团队成员，团队成员也相信管理者，几乎所有的组织都全力研究如何培养上下级平行的信任感，以使组织保持旺盛的士气。

团队管理的落脚点就是塑造高绩效的团队。从高绩效团队建设的角度看，打造一支高绩效团队离不开高素质的领导。有了高素质的领导，才能培育出高素质的团队成员，并共同创造出好成绩、高效能。

（1）高素质的领导

高素质的领导者需要具备这样的特点：

团队领导者在知识、智力、素质、能力，尤其在态度和觉悟上要特别突出，遇事以团队利益为重、以身作则、身先士卒。

在领导风格上既重团队绩效，又重人际关系，能在实现团队目标和满足成员的个人需要之间取得有机的动态协调。对团队成员充分信任，善当教练，积极促成队员的迅速成长。

领导者乐意授权，充分调动队员的积极性、主动性、创造性，能把活力与热忱传播到整个团队之中，积极地鼓励队员在团队会议中参与讨论、共同决策，多数成员有较大的自由度。

（2）高素质的队员

对一个团队来说，成员的素质无论如何强调也不过分，因为团队规模一般都较小。如果一个5人的团队，有2个低素质的队员，那么，团队的工作就很难顺利进行。

高素质的队员的特点是：

团队成员具有不同专业知识、技能和经验，而且在性格、气质上互补。

团队成员代表着不同单位的利益和立场，熟悉不同领域，拥有不同背景。

团队成员不仅有很强的专业技术能力，而且有很好的人际关系能力。在这种氛围里工作，成员间既相互竞争、相互激励、相互促进，又相互合作、相互帮助、相互学习。

团队成员除了尽量具有丰富的知识、较高的智力、很好的素质、较强的能力外，更需具有积极的工作态度，亦即公而忘私、认真负责、一丝不苟、不断进取的工作态度。

有效地培养与增强团队精神，团队领导人首先要树立"追随者至上"的观念。作为一个团队领导，应永远把自己的团队成员放在一切事情之上。只有这样，他才会愿意采取行动去关怀他们、珍惜他们、支持他们、赐给他们力量、激励他们去做好每一件事情。

当把"追随者"放在第一优先位置时，其成效会是相当惊人的。当"追随者"们受到团队的鼓舞与感召时，他们深藏在内心的潜能和爱心，就会急剧地爆发出来。他们所做的任何事情，都将相当杰出和完美。

海尔·罗森布鲁斯和黛安·彼得可以说是团队绩效的成功楷模，在他们共同的著作《顾客第二》这本书里，特别阐述了"追随者至上"的心得："要服务好顾客，首先要把员工放在第一优先。我们把员工放在第一位，他们就会把顾客放在第一位。只有当员工了解自己被别人珍视的感觉如何时，他们才会真诚地与他人分享这种感觉。"

帮助团队成员了解建立团队的观念和重要性，是尽快培养团队精神的另一条捷径。从职前教育开始，就应该灌输新进团队成员有关高效团队的正确观念，让他们学习团队的有关行为。

在随后的定期与不定期的在职训练中，仍然要不断地对团队成员在人际关系、领导、沟通和管理等课程上予以加强。通过有计划性的训练，这些成员就比较有信心地全力奉献自己的才能，自发地和其他成员一起合作，共创佳绩。

培养团队成员整体搭配的团队默契，是增进团队精神的不二法门。对于团队领导人而言，固然应让每位团队成员都能拥有自我发挥的空间，更重要的则是要用心破除个人英雄主义。

搞好团队的整体搭配，协调一致的团队默契，还要努力使团队成员彼此间相互了解取长补短的重要性。如果能做到这一点，团队就能凝聚出高于个人力量的团队智慧，随时都能创造出不可思议的团队表现和团队绩效来。

合作才会产生出巨大无比的力量，经常教导、灌输团队成员一些相互依存、依赖与支持才能达成目标的观念，是团队领导责无旁贷的重要职责。唤醒团队成员整体搭配的观念时，必须将焦点集中在他们的同心协力的行动和甘苦荣辱与共的感受上。

6. 团结协作，无坚不摧

狼族的团队力量之所以如此强大，归根结底就是狼性合作的原因。在草原上，就是最凶猛的狮子也不敢惹群狼，可见狼群团队的力量。"狼狈为奸"这句成语也印证着狼和狈的合作，这也是一种团队精神。

一个人必须要具有与人打交道的能力。为什么要学习与人打交道？

我们看看狼是如何生存的，就会知道其重要性。

人要学会像狼群那样"团队生活"。狼具有群体性，很少见到有一只狼单独去猎取食物。一个人要想在社会上有所作为，他必须要认识到群体力量的重要性，并且要学会如何利用群体的力量。

当狼群中的狼王老了的时候，年轻的狼会把它从头狼的位置上拉下来，这样才能保持整体狼群的强大。人也是一样，要想成大事，就要能团结别人一起做事，规避自己身上的不足之处。

团结协作精神是一切事业成功的基础。美国社会活动家韦伯斯特，曾说过一句有名的话："人们在一起可以做出单独一个人所不能做出的事业；智慧、双手、力量结合在一起，几乎是万能的。"

我们在一个企业、公司工作，每个人的工作，都有相对独立性，也都与全局相联系。所以，人们常说：要"立足本职，着眼全局"。宛如下棋，输赢系于每个棋子，"一招不慎，满盘皆输"。如果整个战局都输了，无论哪一个棋子，即使再有能耐，又有什么意义？

英国物理学家卢瑟福深有体会地说："科学家不是依赖于个人的思想，而是综合了几千人的智慧，所有的人想一个问题，并且每人做它的部分工作，添加到正建立起来的伟大知识大厦之中。"我们的工作，虽然各自都做着"部分工作"，但却不能没有全局观念。协作精神，是全局观念的象征。

我们的协作精神，要像狼一样。狼者，群动之族。攻击目标既定，群狼起而攻之。头狼号令之前，群狼各就其位，欲动而先静，欲行而先止，且各司其职，嚎声起伏而互为呼应，默契配合，有序不乱。头狼昂首一呼，则主攻者奋勇向前，佯攻者避实就虚，助攻者蠢蠢欲动，后备者厉声而嚎以壮其威……

在狼成功捕猎过程的众多因素中，严密有序的集体组织和高效的团队协作是其中最明显和最重要的因素。这种特征使得它们在捕杀猎物时总能无往不胜。

独狼并不强大，但当狼以群体力量出现在攻击目标之前，却表现出强大的攻击力。在日益激烈的企业竞争中，狼的这种现象正被越来越多的人所关注。在企业界，人们正在被一种称为"狼性文化"的企业管理和运作模式所吸引。

朝着共同的大方向迈进，彼此方便，相互帮助，发扬协作精神，无疑还是崇高道德风尚的体现。不要一讲竞争就以为可以不讲道德、可以放弃协作精神，这其实是对竞争的误解。

人类社会的竞争选择，必须公正、有序，遵守道德规范。不然，任人性中奸诈、邪恶的一面肆意妄为，竞争就必然导致逆向选择——"劣币驱逐良币"，使历史车轮倒转。既然道德是竞争的前提，那么，竞争与协作精神也就并行不悖，没有什么矛盾可言了。

协作精神还是现代人所应具备的各种心理品质之一。具有良好的协作精神，可以营造一种和谐、共振的工作氛围，建立一种民主、互动的工作关系。这对培养我们的自主精神和能动态度有较大的帮助。

那么我们怎样来"导演"团队成员之间的协作呢？

第一，建立和谐关系，创设良好的工作氛围

心理学家认为，如果我们能与同事之间形成良好信赖的关系，那么我们就可能更愿意和同事相处，自觉地接受同事的教诲、帮助、支持，同时我们也会给他们同样的帮助、支持。

这种相互的尊重和理解，可以形成一个友好宽松的工作环境。这种环境可以最大限度地发挥我们的智慧，对工作中的想法也能畅所欲言地说出来。这种环境同时还能最大限度地激发出我们的工作热情。没有什么比一个良好的心情更重要了。如果我们在一个公司，感到人际关系紧张，工作环境死气沉沉，我们还有心情去工作吗？更不用说发挥创造力。

第二，发挥自己的主观能动性，积极参与集体活动

马克思指出："人类的特征恰恰就是自由的自觉的活动。"在人的

活动过程中，人始终是作为主体而存在的。环境的影响，归根结底只有通过人的主体活动才能发生作用。因此，发挥自己的主观能动性，积极参与集体活动，是十分必要的。

积极参加集体活动，可以增强我们的协作精神。有了协作精神，我们就能够充分发挥自己的主观能动性。在遇到困难的时候，大家一起想办法，出主意，"三个臭皮匠，顶一个诸葛亮"，集体的智慧，是无穷的。在这样一个集体中，也不得不迫使我们去想问题。

第三，营造了一种强烈的竞争氛围，让你追我赶、力争胜利的气氛充满工作的全过程

当我们在工作中遇到困难，内心感到恐惧和无助、犹豫不决的时候，这时我们最需要的是什么呢？就是队员们发自内心的鼓励。这种鼓励可以让我们战胜自我，可以让我们跨出那具有决定自己人生的一步。这时我们会强烈感受到来自集体的巨大力量和良性竞争、超越自我所带来的快乐。

既然鼓励会给我们带来这么巨大的作用，那么我们也要时时给我们的队员鼓励，让我们的团队形成良好的竞争氛围。

第四，充分信任同事和周围的人

在与我们的同事相处时，一定要充分信任别人。不要总以为自己能力有多高，总是把自己看得很高，要谦虚一点。有的人或许能力差一点，只要我们能给予他十足的信心，他一定会做好的。信任别人是一种良好的美德。

第五，发挥部门作用，鼓励合作学习

合作式学习是一种共同的、开放的、包容的学习，要求学习小组成员共享目标和资源，共同参与任务，直接交流，相互依靠。

实施小组合作式学习，能增加我们的信息交流量，拓展我们思维的深度与广度，同时也锻炼个人能力。而通力协作、群体决策不仅能促进知识技能的学习，也有利于培养团结互助的协作精神。

7. 强化成绩与成功的荣誉感

在草原上，几只分散的狼在捕猎中变成一个合作、有力量、团结的团队，它们都知道自己必须执行的任务，不管做任何事情，它们总能依靠团体的力量去完成。为了集体目标的实现，它们也完全可以牺牲自己。

用我们人类的思维去看待狼的行为，实际上，这也是狼生而有之的一种荣誉感。我们要想成为人生的强者，就必须培育狼性团队的这种荣誉感。一个没有荣誉感的团队是没有希望的团队，一个没有荣誉感的员工不会成为一名优秀的员工。

美国西点军校的《荣誉准则》写道："每个学员绝不说谎、欺骗或者偷窃，也绝不容许其他人这样做。"正是荣誉感，让优秀者与那些至今仍没有做出什么成绩的人区别开来。

在西点军校教育中，荣誉教育始终处于优先地位，将荣誉看得至高无上。军校要求每一位学员必须熟记所有的军阶、徽章、肩章、奖章的样式和区别，记住它们所代表的意义和奖励，同时还必须记住皮革等军用物资的定义甚至校园蓄水池的蓄水量等诸如此类的内容。

这样的训练和要求，会在无形中培养学员的荣誉感。这值得各企业借鉴，因为一个优秀的员工是不能不对自己的工作、对自己所效力的企业有一个全面清楚的了解的。

军人视荣誉为生命，任何有损军人荣誉的语言和行为都应该绝对禁止。同样，如果一个员工对自己的工作有足够的荣誉感，对自己的工作引以为荣，对自己的公司引以为荣，他必定会焕发出无比的工作热情。每一个企业都应该对自己的员工进行荣誉感的教育，每一个员工都应该唤起对自己的岗位和公司的荣誉感。可以说，荣誉感是团队的灵魂。

如果一个员工没有荣誉感，即使有千万种规章制度或要求，他可能也不会把自己的工作做得完美，他可能会对某些要求不理解，或认为是多余而觉得厌倦、麻烦。

住过希尔顿饭店的人都有这样的经历。早上起床，一打开门，走廊尽头站着的服务员就走过来说"早上好"并直呼我们的名字。他们怎么会知道我们的名字呢？当问他是怎么知道的。他会告诉我们，他们要记住每个房间客人的名字。

或许大家都有过这样的经历，只是觉得很正常而忽略过去了。但我们觉得这些看起来是很小的事，却体现出很深刻的道理。如果那个服务员没有一种以希尔顿饭店为荣的荣誉感，他能表现得这样尽职尽责吗？成绩可以创造荣誉，荣誉可以让我们获得更大的成绩。

一个没有荣誉感的员工，能成为一个积极进取、自动自发的员工吗？如果不能认识到荣誉的重要性，不能认识到荣誉对我们自己、对我们的工作、对我们的公司意味着什么，又怎么能指望我们去争取荣誉、创造荣誉呢？

第二章　严格执行组织纪律

一个团结协作、富有战斗力和进取心的团队，必定是一个有纪律的团队。同样，一个积极主动、忠诚敬业的员工，也必定是一个具有强烈纪律观念的员工。可以说，纪律，永远是忠诚、敬业、创造力和团队精神的基础。对企业而言，没有纪律，便没有了一切。

1. 建立健全组织结构制度

我们生活在一个社会群体之中，就必须要接受团队组织纪律的约束。俗话说，没有规矩不成方圆。没有严格的纪律，就难以使一个团队的人步调一致，齐心协力地为共同目标而奋斗。

换一句话说，在社会群体中，我们必须要受到各种制度、纪律、道德的约束，没有这些东西，整个社会就会乱套；人们之间也就不能更好地相处，我们的生命、财产就可能得不到保障；我们的效率也就不能得到有效提高。

每一个公司，都会有完善的公司章程，这是维系一个公司正常运作的纽带。因为公司如果没有严格的纪律就会使整个团队处于松散状态，长此以往，公司就会逐渐衰败下去。

试想，一个公司如果员工想来就来、想走就走，把公司当成了旅馆，这样的公司还有前途吗？而且这对员工本身也没有任何好处，他会把这种散漫带给其他人，甚至带给自己的客户，造成自身的信用危机。

英特尔公司总裁格鲁夫的开会方式是：直截了当、果断，而且涵盖一切基本要点。虽然有员工批评他不如前任精明能干，但批评者对于他严格的纪律、掌握契机的毅力以及卓越的管理能力，均给予很高的评价。在一次会议上，他历数每位经理的过失，竟然博得全体经理起立喝彩。

威胜于爱，严格要求胜于放任自流，管理必然能够卓有成效。可靠的产品质量，良好的服务信誉，是公司管理者平时严格管理的结果。

没有制度，职权就不能很好地发挥作用；有了制度，职权就能更有效地发挥出威力。离开了职权及对职权的行使，制度就难以形成。借助职权，更有利于建立起严格的制度。

公司的管理制度总是在长期实践经营中靠自己的主观努力和客观影响，靠自己的言行、能力、业绩等产生的，不是自然而然地产生的，也不是靠人吹起来、捧起来的。

2. 有效执行组织纪律

强者的生存法则里一个首要的特点，就是团队成员必须遵守组织纪律。一个优秀团队的每个个体若是充满激情和斗志，由一个坚强的团队领导者指引着前进的方向，艰难险阻又何所惧呢？每想至此，心中都会被一种团队里的团结氛围所感动！

多么期望能在团队中不断打造和完善自我，成为一名优秀的员工。

只有团队强大，我们个体才能有更好的机会发展。因此，建立一个有纪律性的团队不仅是公司发展所要深思的课题，更是团队的每位员工所要思考的问题。

古语曰："工欲善其事，必先利其器。"公司也一样。公司要达到商业目的，就必须先构建有纪律的、团结有力的、无坚不摧的团队。团队要想完成任务，就必须磨砺团队中每个成员无比坚强的信念，就要求每个成员以严格的纪律来约束自己。

古语又曰："天将降大任于斯人也，必先苦其心智，劳其筋骨，饿其体肤。"古语中阐述的思想，是非常值得每个员工去思索的。

当我们的企业和员工都具有强烈的纪律意识，每一条纪律都得到遵守，再不需要找借口、绝不找任何借口时，我们会猛然发现，工作因此会有一个崭新的局面。

对企业和员工而言，敬业、服从、协作等精神永远都比其他任何东西重要。但这些品质对于员工而言不是与生俱来的，不会有谁能天生不找任何借口的。所以，给他们进行培训和要求显得尤为重要，就像西点军校不断要求着装和仪表一样。

纪律是一切制度的基石，组织与团队要能长久存在，其重要的维系力就是团队纪律。建立团队的纪律最首要的一点是：领导者自己要身先士卒维护纪律。

纪律可以促使一个人走上成功之路。怡安管理顾问公司的陈怡安博士曾说过：领导者的气势有多大，就看他的纪律有多么完善。一个好的领导者必定是懂得自律的人，而且也一定是可以坚持及带动团队遵守纪律的人。

3. 从自觉遵守纪律到自觉行动

在激烈的竞争社会中，一个团队若想生存下来，其内部就必须要有极强的组织纪律性，这种纪律可以促进我们的自觉行动，使我们朝着既定的目标奋勇前进。

在一个团队中，自觉遵守纪律也体现了一个人的优良品质。一个人如果要想担负起责任，没有这种品质是不行的；一个人如果想很好地为自己的团队服务，也必须具备这样的品质。它之所以这样重要，因为它是一个优秀人才必备的素质，也是任何人所希望具有的。

世界上没有任何事情是绝对的，自由也是。没有纪律的约束，自由就会泛滥成为堕落。企业中的员工，也是一样，不要把纪律当成洪水猛兽。

英国克莱尔公司在新员工培训中，总是先介绍本公司的纪律，首席培训师总是这样说："纪律就是高压线，它高高地悬在那里，只要我们稍微注意一下，或者不是故意去碰它的话，我们就是一个遵守纪律的人。看，遵守纪律就这么简单。"

的确，如果我们稍微倾注心力，就省去了很多抱怨和烦恼，我们就不会怨恨纪律的严格，也不会讨厌上司的严厉。

在纪律问题和对领导的服从上，正确的态度应该是毫不含糊地服从。我们深知，军队的纪律比任何纪律都重要。在军队里，军人的服从是职业的客观要求。

西点军校有这样一句话："纪律是保持部队战斗力的重要因素，也是士兵们发挥最大潜力的关键。所以纪律应该是根深蒂固的，它甚至比战斗的激烈程度和死亡的可怕性质还要强烈。""纪律只有一种，这就是完善的纪律，假如我们不执行和维护纪律，我们就是潜在的杀人犯。"军队里的士兵是如此认识纪律的，也是如此执行纪律的。

纪律的钥匙就是了解和自尊。在公司中能够深达员工心灵的是具有价值的意愿。我们明白，努力奋斗能排除心中的怨恨。创造性的纪律能使领导与下属之间更加融洽。它也能使已犯过错误的员工和将会犯错误的员工之间，在自尊上相互感应。更重要的是，我们首先要自律，才能将纪律有效地加诸别人。

请记住塞尼加的话："只有服从纪律的人，才能执行纪律。"

4．服从纪律，步调一致

服从是一种美德。一个企业，如果没有严格的规章制度和严明的纪律，就如同一盘散沙；如果没有服从，企业将会溃不成军，何谈竞争和生存。

每一位员工都必须服从上级的安排，就如同每一个军人都必须服从上司的指挥一样。大到一个国家、军队，小到一个企业、部门，其成败很大程度上就取决于是否完美地贯彻了服从的观念。

服从是行动的第一步，处在服从者的位置上，就要遵照指示做事。

服从的人必须暂时放弃个人的"独立自主"，全心全意去遵循所属机构的价值观念。一个人在学习服从的过程中，对其机构的价值观念、运作方式，才会有更透彻的了解。

当然，军校的训诫和要求是从军事指挥的角度来制定的，在企业中不能机械地照搬。而且，并不是所有上司的指令都正确，上司也会犯错误。但是，一个高效的企业必须有良好的服从观念，一个优秀的员工也必须有服从意识。

因为上司的地位、责任使他有权发号施令；同时上司的权威、整体的利益，不允许部属抗令而行。一个团队，如果下属不能无条件地服从上司的命令，那么在达成共同目标时，则可能产生障碍；反之，则能发挥出超强的执行能力，使团队胜人一筹。

曾有一位著名的田径教练，每当他见到运动员，便苦口婆心地劝他们把头发剪短。据说，他的理由是：问题并不在于头发的长短，而在于他们是否服从教练。

纵然不懂教练的意图，但不找借口地服从，这才是教练所期望的好选手。同样，不找借口地服从并执行，这才是企业所期望的好员工。

对于下级来说，命令，首先要服从，执行后方知效果；还未执行，就发挥自己的"聪明才智"，大谈见解和不可执行的理由，走到哪里都是不受欢迎的角色。

对于有瑕疵的命令，首先还是服从，在服从后与领导交流意见，共同改进和提高，"先集中后民主"。现在越来越多的企业倾向于军事化管理，最重要的一点就是"服从"，只有"服从"才能造就一支高效率、富有战斗力和竞争力的队伍，才能使企业立于不败之地。

5. 主动执行，不找借口

没有任何借口是执行力的表现，无论做什么事情，都要记住自己的责任。无论在做什么样的事情，都要对自己的行为负责。执行就是不找任何借口地去执行，这就是狼的纪律，狼的执行。

NBA明星基德小的时候，常跟父亲去打保龄球。每一回合的较量，他得分都低于父亲。一次次地输给父亲，让小基德心里很不服气，每次他总是找出这样或那样的理由，去遮掩自己与父亲球技上的差距。

这天打完保龄球，他又是一败涂地，又找借口解释自己为何没打好。这回父亲"直捣要害"地说："别再找借口了。你保龄球打得不好，是因为你不够用功。"

一个人无论是逃避责任，还是推脱过错，总能找到借口。任何时候，任何情况下，借口都无助于成功，反而会拖累前进的步伐。父亲的这一逆耳之言，对基德的震动很大。从这一天开始，他把注意力倾注到用功练习上，而不是事后找借口。

海信集团之所以能够在海内外市场激烈竞争中一直保持其电视、空调、冰箱、手机等主导产品的产销规模每年以两位数的速度递增，达到后来的上万亿元人民币，原因与其说是决策成功，不如说是海信拥有一支高水平执行力的团队。

海信集团领导曾说过样一句话："对企业而言，丧失了执行力是致命的。"这种执行文化强化的是每一位学员想尽办法去完成任何一项任务，而不是为没有完成任务去寻找借口，哪怕是看似合理的借口。而想尽办法完成任务的背后，体现的是一种服务态度，一种敬业精神，一种完美的执行力。

"据此可以断言，仅有战略并不能让企业在激烈的竞争中脱颖而出，只有执行力才能使企业创造出实质的价值。失去执行力，就失去了企业长久生存和成功发展的保障。"海信集团董事长曾这样说道："海信集团虽未有过面临死而复生的体验，但在某一决策的成败上却感受到了贯彻执行的威力。"

执行是一种根据现实情况制定计划并且采取行动的系统化流程，其流程包括对方法和目标的严谨讨论、质疑，坚持不懈地跟进，以及责任的具体落实。

如何强化企业的执行力？企业最根本的目的是盈利。因此，团队应要求自己的每一个员工为了企业的根本利益而坚决贯彻执行好企业的经营方针，绝不为讨好上司而盲目地执行其有悖于企业经营方针的任何一项指示。

对团队的各级管理人员，则要求其具备灌输思想和贯彻行为两种能力，即向员工灌输企业的经营思想，使之自觉具有坚定不移地执行企业经营思想的行为。

"企业的核心竞争力的大小在于其执行力的强弱"目前已成为企业决策者的共识。执行力是和企业战略、核心竞争力紧密联系在一起的，与企业的理念、抱负、责任等同起来，全心全意做我们应做之事，没有任何借口，是企业强化员工执行力所要达到的理想境界。

在团队决策层眼里，执行力的源泉是文化。企业之间的竞争，事实上都是执行力的竞争，而执行力的竞争归根结底是执行文化的竞争。因此，一个企业应该不遗余力地在企业理念、精神、文化等方面培育具有强有力的执行文化，使每一个员工的"执行"有了行为的最高准则和终极目标文化的深厚土壤。

对于执行力文化，一位领导有自己独特的理解："人始终是企业中的决定性因素，所有企业的问题事实上都是人的问题，而只有文化才能改变人的意识，从而改变人的行为。任何新的战略模式都会引来众多的模仿者，而文化却是无法复制的。多数企业的失败，是由于没有建立起一种执行文化，使执行成为无本之木，无源之水。"

"1%的不执行就会招致100%的失败。"因此，公司执行文化就是"执行"无条件。为提升企业的执行力文化，企业应从培养职工对企业的认同感、责任感、使命感、归属感入手，积极引导职工爱企业、爱岗位、争奉献，通过潜移默化的企业史教育、理念教育、激发全体职工"心往一处想，劲往一处使"和"个人服从组织、执行没有借口"的工作热情和拼搏精神。

第三章　善于沟通，凝聚合力

在一个团队，每个成员都应该学会沟通和交流的艺术，这是团队协作共赢的基础，很难想象，一个不懂得沟通的团队能够取得优异的成绩。交流的艺术在于密切注视各种各样的交流方式，人与人之间复杂的社会人际关系，使我们不得不随时调整战略、战术，以获得成功。

团队成员善于使用沟通技巧，可以避免彼此间的许多冲突、误解和失败。沟通是团队发展的润滑剂，它能促进团队中的每一个成员的默契配合，相互了解，从而达到相互协作的目的。

1. 有效地进行团队沟通

有很多人，尽管很喜欢自己的工作，而且本来计划在所任职的公司里干很久，贡献自己的才能，实现共同的理想，但是因为缺乏沟通而离开了。

如果这种事发生的次数太频繁，任何公司都会因不断失去其优秀的人员而陷入困境之中。而这一切只因为这里的沟通太差。

一般员工所希望的，只不过是能对自己的工作感到自豪，在公司里恪尽职守。领导者也跟员工一样。这对大家都有好处。但是如果沟通不好，双方都会失望。

在一个缺乏交流、不善于沟通的组织中，人与人之间会出现隔膜，这对团队的合作与合力是极具破坏性的。内部不断出现矛盾，大家都受到情绪左右的时候，一不小心，就会使别人采取自卫的态度，这样一来，可就很难沟通了。

假设公司中有个职员，提出一项建议，经理却不假思索地说那主意太不实际了。这样可能会对职员的内心造成伤害，只因为经理说话不够谨慎，可能会造成无法沟通的情形。

那个职员或许会这样想，他不能够胜任工作或者觉得经理不重视他。至少，以后那个职员或许不会再直截了当地提出建议，或许会犹豫不决，更糟的是会打算另谋高就。不管哪一种情形，公司和经理都损失了本来能够贡献才能的人才。

组织中发生不愉快的事件，是司空见惯的事，在一定程度上这和父母子女间的纠纷没有什么两样。但是如果善于沟通，进行巧妙排解的话，矛盾总不至于激化到不可调和的地步。

成功的父母，都会说自己的孩子不自私，待人亲切，体贴周到。当然，父母也希望子女认为自己有头脑、能体谅别人，而且慷慨大方。做父母的谁也不会一大早醒来，就教训子女一顿；做子女的也不会存心要把父母气死。

那么，为什么我们老是看到脾气坏、倔强、不听话的孩子，以及大吼大叫的父母呢？或许，只是因为子女经常对父母说出情绪化的字眼，而父母反应太快，不先花时间想一下，结果把局面弄僵了，不得已只好对子女发脾气。

这种激烈言辞，大家都知道它的分量，有时候，我们自己也会说出这些字眼来——"你真是个老顽固！""将来若是有了小孩子，一定会对他们好得多。""这条街上每个年轻人都有自己的车子，只有我没有，这都怪你！"

有时候，父母不满意年轻人的行为，会有不恰当的反应，例如会武断地命令道："你现在就把房间整理干净，要不然我会给你好看！"这样一来，父母就陷入进退两难的处境，向子女大吼大叫，仍然没有效果，只会变得更加恼怒。

有人对我们说出激烈的言辞，其实也许并不是有意的，但是我们听了却生气起来，就反唇相讥，过了一阵子却又要为自己所说的话道歉。这并不是说每个人永远不要发脾气，而且事实上这也是不可能做得到的。

我们也是个凡人，凡人免不了都会发脾气，这是人性使然。我想说的是，其实只要依靠有效的沟通，完全可以避免双方的敌意。有了一种充满善意、相互理解的沟通，任何成功道路上的障碍都可以排除。否则，我们就只能永久地被阻挡在成功的大门外了。

2. 沟通是团队的润滑剂

沟通，是人类社会的重要交流方式，无论是日常生活还是工作学习，我们都需要与别人进行沟通。如果我们努力培养并运用有效的交流技能，就能避免很多暴力、误解和失败。

通用汽车公司前总经理英飞曾说过："我始终认为人的因素是一个企业成功的关键所在。根据我40年的工作经验，我发觉所有的问题归结到最后都是沟通问题。"他认为，传达、倾听、协调等沟通形式，是团队成员必须具备的素质。

在团队里，没有"信任"的"沟通"，是没有用的，同时，信任又必须完全建立在清楚的沟通之上。任何组织都需要通过开放的沟通来解决问题。不开放、不坦诚的沟通，只会使得问题更加恶化。

大多数公司中的管理者都认识到，管理才能和默契配合不是靠一次七嘴八舌的会议就能形成的，而是长期有规律地、坚持不懈地努力的结果。

在公司中，团队精神的基础由许多因素组成，但几乎无一例外，第一项是信任，第二项就是交流。经验告诉我们，有时候缺乏信任也可以有交流，然而如果在交流中没有表达清楚则不可能有信任。公司中的员工可以通过开诚布公的沟通和交流来解决问题，没有沟通就会出现机能障碍。

我们渴望理解，管理者希望员工能够体谅他们的难处。同样，员工希望管理者能够体会他们的苦衷，但这一切在许多公司中并没有被比较好地解决。事实上，许多问题是很好解决的，只需要一个有效的沟通途径。

许多管理者认为，"沟通"只要在人际交往时不隐瞒、真实地表达本意就行了，其实这是很不够的。不以诚相待就根本谈不上良性沟通，但往往真知灼见合理碰撞时也会不欢而散。因此，沟通不仅需要真实，也需要技巧。

所以说，沟通是一门艺术，艺术就需要技巧。现代企业尤其需要沟通，只有实现有效的沟通，才能体现驾驭、组织和协调的能力，才能团结人、凝聚人。

从目的上讲，沟通是共同磋商的意思，即队员们必须交换和适应相互的思维模式，直到每个人都能对所讨论的意见有一个共同的认识。说简单点，就是让他人接受自己的意见，自己同意他人的条件。只有达成了共识才算是有效的沟通。团队中，团队成员越多，不同意见就越多，也就越需要队员进行有效的沟通。

最有效率的沟通方式，并不是喋喋不休式的唠叨，而是完全了解人性当中最深层的微妙之处，能够真正针对需要，一针见血地切中目标。沟通是一种艺术，它通过人的眼睛和耳朵的接触，把我们自己投射在别人的心中。

3. 善于沟通才能合作双赢

在团队里，我们的沟通主要是出于工作的需要，当然也是出于对团队的热爱。其实，除了工作之外，团队成员在日常生活中也需要沟通，这种沟通最重要的就是相互之间要坦诚相见、绝对真诚。

那么，人与人之间的沟通到底有哪些诀窍呢？专家们认为：一点儿秘密也没有……专心致志地听人讲话是最重要的，什么也比不上这样的方式了。

这个道理实在没有必要到哈佛大学学习几年才搞懂弄清。我们知道有这样一些商店老板，他们选最好的店址，进货讲经济效益，花很多钱做广告，却雇了这样一些售货员——他们不注意听顾客讲话，经常打断顾客的话，对他们显出不耐烦的样子，惹顾客发火，从而使顾客离开了商店。不善于沟通的雇员，使这家商店不久就关闭停业了。

沟通是很重要的。良好的沟通，可以达到彼此之间心灵上的交流，而不善于沟通的人，可以把一件看似很简单的事搞得很糟糕。

艾萨克·马科森大概是世界上采访过著名人物最多的人。他说："许多人没能给人留下好印象是由于他们不善于与对方沟通。他们如此津津有味地说，完全不听别人对他讲些什么……许多知名人士对我讲，他们喜欢注意听的人，而不喜欢只管说的人。由此可见，人们听的能力弱于其他能力。"

不只是知名的人，而是所有的人都喜欢与善于沟通尤其是善于倾听的人打交道。

每一个经受过困难的人都需要别人和他沟通，每一个被激怒的顾客、每一个不满意的职员或受委屈的朋友都需要善于与他沟通的人。

要记住：与我们谈话的那个人，他对自己事情的兴趣程度比你的事情胜过百倍。

我们如果想成为被人喜欢的人，请记住这条准则："要善于倾听对方讲话。"只有这样，才会使双方都获益。

4. 团队合作离不开沟通

领导者每天都必须和团队成员、上司以及同行单位的人相处。为什么有些人显得魅力十足，受到高度的欢迎和敬重，而另一些人却令人生厌，大家避之唯恐不及？成功和失败的区别是什么？为什么有些领导者能与伙伴们同心协力、共同奋斗，成绩总是令人钦羡，而另一些领导者却常常为表现平平而忧心丧志？

原来，成功的领导者都有一个显著的共同特色：卓越的沟通能力。

所谓成功的领导者，他们除了拥有丰富的专业知识、无限的潜力、愿意冒险、勇于负责等特质外，他们的所作所为，都奠基于他们自身所拥有的一套愿意与所有的团队成员不断"沟通"的管理哲学。

他们非常了解沟通的重要性，无论在社交活动里还是在家庭中，或在工作岗位上，他们经常尽情地发挥本身特有的与人"沟通"的艺术和能力，巧妙地赢得别人对他们的喜爱、尊重、信任和共同的合作，从而开创了人生的丰功伟业。

"人生成功的秘诀，在于我们能驾驭自己四周的群众。"这是美国前总统里根在一次演讲餐会中，勉励企业精英们如何追求卓越的金玉良言。里根说得可真是一针见血。

身为领导者是很难靠一己之力恪尽职守的，必须经常依赖他人的大力支持和合作才能完成使命。因此，领导者本身成功与否，完全取决于领导者与团队成员、上司、团队成员与顾客"沟通顺畅"的能耐和功夫。

那么，上下沟通有哪些好处呢？

（1）可以充分利用"集体智慧"，并从中产生最佳的决策；

（2）成功地以新的角度来检讨、改善自己的管理风格；

（3）为摇摇欲坠、面临困境的团队找到一条可以重现生机的道路；

（4）对团队成员的想法、感受有更充分的了解，能快速地与团队成员建立更亲密、和谐的关系；

（5）团队成员都以团队的成就为喜，以团队的失败为悲；

（6）团队成员都很清楚地看到自己和别人的目标、位置，能够更好地联系与互动，贡献自己；

（7）使合作关系能够生根、成长、开花、结果；

（8）下情上传、上情下达，促进彼此间的了解；

（9）更有利于团队工作的协调，从而增强团队的活力；

（10）创造出一个团队成员可以激励自己的工作环境。

狼的每次狩猎活动，都充分验证了上述这些沟通的重要作用和最佳效果。作为人类，我们应当向狼族学习，建立一个最善于沟通的高效团队，以创造明天的成功。

5.　沟通能减少团队内部冲突

有效的沟通是一种艺术。要想成为人生的强者，解决我们面临着的诸多问题，就必须要学习沟通的各种技巧。

对于公司来说，有效的沟通能把内部的矛盾化解为零，把上下、左右的关系调整到最佳状态。沟通不仅是管理者最应具备的技巧，也是公司最需具备的基本办法。只有无阻力的沟通，才有公司无阻力的未来。

任何一个公司都有制度，有人认为，只要制度健全就不会在公司管理中出现任何问题。其实不然，因为制度永远是强制性的，沟通才是人们本性的体现和需求，任何组织乃至任何一个公司都不可能改变和忽视人们企求沟通的基本需要。这样不仅能提高管理绩效，同时也防止了冲突的发生。

有员工说："沟通就是我说的便是我所想的，怎么想便怎么说，如果公司同事不喜欢，也没办法！"从目的上讲，沟通是磋商互通的意思，即队员们必须交换和适应相互的思维模式，直到每个人都能对所讨论的意见有一个共同的认识。只要了解清楚自己，了解清楚对方，许多问题的沟通总会有办法的。

谈到沟通，从根本意义上说，公司内部顺畅的协调沟通是一个公司能够顺利发展壮大的必要条件。沟通方式的畅通、沟通内容的综合利用，都能为公司管理创造更和谐的环境，转化为推进公司管理的资源。

通过和加盟商的沟通，我们可以获得最为准确的市场反馈，可以把握住最准确的市场动态。当一条畅顺的沟通渠道建立之时，准确的市场信息反馈也就不难获得了，同时也减少了很多潜在矛盾的萌芽。

6. 有效沟通便于统一行动

交流的艺术在精通于各种各样的交流方式，其中包括身体语言、面部表情等。但由于人的复杂性，虽然沟通语言如此丰富，人与人之间却仍然无法诚挚相待。这里面的原因，非一句话能够说清楚。

不过，据沟通专业人员介绍，要想与别人诚挚地沟通也不是真的难于上青天，他们认为，沟通时只要先给别人留下一个好印象，后面的事就比较好办了。

为了证明这一点，我们可以试着设想一个使我们感到特别不舒服的人，假若我们和这个人聊天或者谈事情，肯定会感到难以与这个人合拍。反之，若是这个人与我们关系很好，两人谈话则有可能如沐春风。

交流中最大的问题，就是错误地认为交流已经完成了。绝大多数的公司管理人员都说，与员工经常沟通能改善员工对工作的满意度并增加效益。

然而，这些人当中只有不到四分之一的人说自己的确进行了这样的沟通。我们也是这样言行不一致吗？其实，行之有效的交流是一门艺术，我们每个人都能培养和改善交流。我们是鼓励人们就自己的交流技巧向我们做坦诚的反馈，还是想当然地认为自己的交流技巧很不错呢？

在我们人类的沟通中，更多的时候还要注意自己和他人的身体语言，捕捉对方身体语言中的信息，注意自身身体语言与口头表达的一致。如果二者矛盾，就会产生尴尬的局面。

在沟通过程中，真诚聆听是准确接收和理解信息发送者意图的关键步骤。每个人的表达方式和沟通内容，受其文化背景、知识结构、能力、经验等因素影响，尤其当双方来自不同文化背景、采用的语言又不是同一的时候，更容易出现误解。

所以，只有清楚地掌握对方的真实意图，方能采取有效的和积极的反应，否则将不可避免地出现错误。

现代企业都非常注重沟通，既重视外部的沟通，更重视与内部员工的沟通。有了沟通才有凝聚力。在团队沟通中，言谈是最直接、最重要的一种途径，有效的言谈沟通很大程度上取决于倾听。作为团体，成员的倾听能力是保持团队有效沟通和旺盛生命力的必要条件；作为个体，要想在团队中获得成功，倾听是基本要求。

公司与员工的立场难免有不共通之处，只有善于用沟通的力量，及时调整双方利益，才能够使双方更好地发展，互相推动。有许多公司，沟通只是单向的，即只是上级向下级传达命令，员工只是象征性地反馈意见，这样的沟通不仅无助于决策层的监督与管理，时间一长，必然会挫伤员工的积极性。所以，单向的沟通必须变为双向的沟通。

高质量的沟通应建立在平等的根基之上，如果沟通者之间无法做到等距离，尤其是主管层对下属员工不保持一视同仁的态度，所进行的沟通一定会产生相当多的副作用：获得上司宠爱者自是心花怒放，怨言渐少；与此同时，其他的员工便会产生对抗、猜疑和放弃沟通的消极情绪。这样的沟通不仅毫无成效，而且会给工作带来更大的抵抗力。

保持同等的工作距离，对事不对人，将是沟通平等化、公正化的重要所在。公司管理者要善于沟通，平等地沟通，而且沟通要从心开始。

第四章　忠诚守信，造就卓越

忠诚，在我国历史文化传统中具有很高的地位，"忠"被看作是最重要的道德规范。中国传统文化中"忠、孝、仁、爱、信、义、和、平"被称为"八德","忠"列"八德"之首。"忠"不仅被看作是个人的"修身之要",而且被定为"天下之纪纲""义理之所归"。可见,中国人对忠诚的重视。

有人认为,在职场,能力是第一位的。实际上,仅仅有能力还远远不够,只有忠诚,才是决定我们在组织中的真正地位的关键因素。比尔·盖茨说:"这个社会并不缺乏有能力、有智慧的人,缺乏的是既有能力又有忠诚的人。相对而言,员工的忠诚对于企业来说更重要,因为智慧和能力并不代表一个人的品质。对于企业来说,忠诚比智慧、能力更重要。"

1. 巨大的凝聚力来源忠诚

人最可贵品质就是忠诚。正是这种忠诚,使团队的个体之间相互信任,从而形成了一股巨大的凝聚力,使之无往而不胜。每个企业的老板都希望自己的员工有多种优秀品质,但最重要的是:对公司忠诚,肯为公司奉献。许多老板们都翘首以盼地等待着这样的员工出现。

在这样一个竞争的时代,谋求个人利益、自我实现是天经地义的。但遗憾的是,很多人没有意识到个性解放、自我实现与忠诚和敬业并不是对立的,而是相辅相成、缺一不可的。

许多年轻人都以玩世不恭的姿态对待工作,他们频繁跳槽,觉得自己是在出卖劳动力;他们蔑视敬业精神,嘲讽忠诚,将其视为老板盘剥、愚弄下属的手段。他们认为自己之所以工作,不过是迫于生计的需要。

或许我们是为了三餐而替人工作,也可能是自己当老板为前途打拼,两方面的种种甘苦只有经历了才会知道。如果我们有了足够多的经历就会知道,并非所有的老板都是贪婪者、专横者。

对于老板而言,公司的生存和发展需要职员的敬业和服从;对于员工来说,他们需要的是丰厚的物质报酬和精神上的成就感。表面上,两者之间存在着对立性,但是,在更高的层面,两者又是和谐统一的:公司需要忠诚和有能力的员工推进业务；员工必须依赖公司的业务平台才能发挥自己的聪明才智。

为了自己的利益，每个老板只保留那些最佳的职员。同样，也是为了自己的利益，每个员工都应该意识到自己与公司的利益是一致的，并且全力以赴去工作；只有这样才能获得老板的信任，才能在自己独立创业时，保持敬业的精神。

许多公司在招聘员工时，除了能力以外，个人品行是最重要的评估标准。没有品行的人不能用，也不值得培养。因此，如果我们为一个人工作，就真诚地、负责地为他工作；如果他付给我们薪水，让我们得以温饱，就称赞他，感激他，支持他的立场，和他所代表的机构站在一起。

也许我们的老板是一个心胸狭隘的人，不能理解我们的真诚，不珍惜我们的忠心，那么也不要因此产生抵触情绪而将自己与公司、老板对立起来。不要太在意老板对我们的评价，他们也是有缺点的普通人，也可能因为太主观而无法对我们做出客观的判断。

这个时候我们应该学会自我肯定。只要我们竭尽所能，做到问心无愧，我们的能力一定会提高，我们的经验一定会丰富起来，我们的心胸一定会变得更加开阔。

"老板是靠不住的！"这种说法也许并非没有道理。但是，这并不意味着老板和员工从本质上就是对立的。情感需要依靠理智才能保持稳定。老板和员工的关系也只有建立在一种制度上才能和谐与统一。在一个管理制度健全的企业中，所有升迁都是凭借个人努力得来的。

想摧毁一个组织的士气，最好的方式就是制造"只有玩手段才能获得晋升"的工作气氛。管理、完善公司的升迁渠道使之通畅，并令有实力的人都有公平竞争的机会。只有这样，员工才会觉得自己是公司的主人，才会觉得自己与公司完全是一体的。

因此，员工和老板是否对立，既取决于员工的心态，也取决于老板的做法。聪明的老板会给员工公平的待遇，而员工也会以自己的忠诚来予以回报。

现在许多人抱怨公司给员工的薪水太低，但他们没有注意到：有些人并没有太超群的工作能力，却可以拿很高的薪水，而且他们会经常受到其他公司的邀请，其他公司愿意为他们开出更高的薪水。

为什么他们这么受欢迎？因为他们忠诚——对老板忠诚，对公司忠诚，对团队忠诚。即使他们受到其他公司的邀请，那里有优厚的待遇，有宽松的工作条件，但他们的老板丝毫不担心，因为老板相信他们的忠诚，相信他们不会为了多拿一点点薪水就放弃现在的事业。所有的这些都是对他们忠诚的回报和奖赏。

忠诚需要感情和行动的付出。这些付出在一些普通的人眼里可能是很愚蠢的行为，但最终他们会发现"如果你是忠诚的，你就会成功"这句话千真万确。

忠诚的付出就是奉献，奉献不仅仅是对工作应有的付出，而且是要从心底里热爱自己的工作，并心甘情愿地为它付出。忠诚与奉献并不是用嘴说的，它需要我们付诸行动。在公司和团队发展顺利时，踏踏实实地工作就是忠诚；在公司和团队的事业遭受挫折和失败时，无怨无悔就是奉献。

牧师法兰克·格兰曾经说过："如果你忠实于他人，有可能会受到欺骗，但如果你忠实不足，就会活得十分痛苦。"任何人都是有感情的，包括我们的上司和老板。我们对公司和团队所做的一切，他们都会看在眼里，记在心里。他们并不糊涂，他们明白自己的团队中最需要什么样的员工。

对于那些虽然很有才华，但并不可靠的人，他们是绝对不敢重用的，因为那样他们就会有很大的风险。老板们更愿意重用那些忠实可靠的人。

2．忠诚能成就卓越的团队

一个团队能取得什么样的成就取决于它拥有什么样的员工。没有忠诚的员工，就不可能做出出色的成绩。相反，当一个团队已经形成一个良好的氛围和文化，那么就会对团队成员在无形中产生一种督促作用，使团队成员做得比原来更出色，同时也使后来者有了一个更高的起点和平台。

在一个团队中，所有的活动都要围绕一个共同的目标展开，但团队的各个部分甚至每一个人都是相对独立，都有自己的目标和任务，都要独当一面。足球队的状况和企业团队的状况很相似。

在足球场上，每个人都有自己的位置，都有自己明确的任务，或进攻或防守。后卫不能随便挤占前锋的位置，后腰不能跑到左边锋的活动区域，守门员更是不能擅离职守。每个位置的队员都要严格遵守主教练的战术安排，协同作战，互相配合，并给予同伴充分的信任。

当球被攻到本方禁区时，将球踢到远离自己球门的位置是守门员和后卫的职责，而其他的队员也有义务去帮助后卫和守门员将球踢出危险地带。将球踢到对方的门里是前锋和其他进攻队员的职责，而后卫们也可以在形势允许的情况下进攻，前提是不能让对方的前锋趁这个机会偷袭得手。

在一个球队中，最重要的就是队员之间的团结、信任、忠诚。虽然有的球队中大牌球星云集，但他们往往不能取得好的成绩，而那些没有什么大牌球星、队员实力并不突出的球队，却往往能让人们眼前一亮。大牌球星有的自视甚高，认为凭一己之力就可以战胜对方，所以他们不重视团队配合，不遵守主教练的战术安排，而这样的球队就会被团结的球队所打败。

企业就是团队，公司就是团队。我们所谈论的团队虽然与足球队形式不一样，但它们的确都是团队，都需要团结，都需要团队成员之间相互配合、忠诚和奉献。

一个团队有完整而长远的战略规划和发展方向，而团队的各个部分、各个成员都要围绕这个整体的战略和发展方向互相配合，并在需要时做出某些个人利益上的牺牲。每个成员都要对团队忠诚，为团队做出贡献，这样的团队的力量是强大的，是不可战胜的。

试想，一个团队中所有成员都离心离德，都想着自己的利益，怎么能够形成合力呢？这样的团队还会有战斗力吗？

这样的团队中，团队成员不但不能形成合力，反而会起到破坏力。所以一个具有战斗力的团队，成员之间、成员与团队之间的信任与忠诚是至关重要的。

3. 诚实守信是处世的黄金法则

人与人之间不应该存在任何欺骗。对于一个团队来说，欺骗就是一剂毒药，它不但损害个体之间的相互信任，而且影响团队的凝聚力，甚至会导致整个团队的毁灭。

诚信应该成为我们为人处世的黄金法则。人一旦失去了诚信，就等于失去了尊严，失去了做人的资格。没有诚信的人生，只能是一个残破的、失败的人生。

诚实守信是一种人格的体现，是人类社会平稳存在、人与人和平共处的基础，也是人性中最珍贵的部分。它与伪君子无缘，与空谈家无缘。给人以信用，就是给人以承诺，那就是不变的永恒。

信用，是彼此的一项约定，也是一种具有约束力的心灵契约。有时它无体无形，却比任何法律条文规范性都更强。在竞争激烈的当今时代，信用更加成为赢得人们信任的重要法宝。

一个人如果希望闻名世界、流芳百世，他首先要获得别人对他的信任。一个人如果学会了如何获得他人信任，实在是比拥有千万财富更足以自豪。

但是，真正懂得获得他人信任的人真是少之又少。大多数人都无意中在自己前进的康庄大道上设置了一些障碍，比如有的态度不好，有的缺乏机智，有的不善待人接物，常常使一些有意和他深交的人感到失望。

不要以为无财、无名就可以无信。把人的信用建立在金钱基础上，这种想法极不正确。与百万财富比起来，高尚的品格、精明的才干、吃苦耐劳的精神更显得弥足珍贵。

任何人都应该努力维护自己良好的名誉，使人们都愿意与我们深交，都愿意竭力来帮助我们。一个明智的商人一定要把自己训练得十分出色，不仅要有经商的本领，为人也要做到十分的诚实和坦率，在决策方面要培养起坚定而迅速的决断力。

有很多银行家非常有眼光，他们对那些资本雄厚，但品行不好、不值得他人信任的人，绝不会放贷一分钱；而对那些资本不多，但肯吃苦、能耐劳、小心谨慎、时时注意商机的人，则愿意慷慨相助。

所以，任何人都应该懂得：人格是一生最重要的资本。要知道，糟蹋自己的信用无异于在拿自己的人格做典当。

罗赛尔·赛奇说："坚守信用是成功的最大关键。"一个人要想赢得大家的信任，一定要下极大的决心，花费大量的时间，不断努力才能做到。

天下没有一种广告能比诚实的美誉更能取得他人的青睐。为人处世唯有诚实方可长久。诚实是做人正直的最坦率也是最谦逊的证明方式。

诚实赋予一个人公平处世的品格。一个诚实的人，因为有正义公理作为后盾，所以能够无畏地面对世界，得到大多数人的信赖，取得长久不衰的发展。而一个虚假欺骗者，只能骗人一时，而后被人们唾弃冷落终至衰落而失败。

不为利动，没有私心，在任何情形下都拥有诚实的美誉，其价值比从欺骗中得来的利益大过千倍。

不坚持诚实，没有绝对正直品格的人是很危险的。有些人还是很愿意站在正直一面的，但是一旦关系到自己的利益时，他们就要离开正直，就不说正直话，不做正直事了。

他们也许并不正面说谎、欺骗，但他们往往会留有一些应该说而不说的话，特别是作为一个诚实的人所必须说的话。他们不明白，在他们多得到一分金钱的同时，却损失了诚实的品格。他们的钱袋的分量固然是有所增加了，但他们的人格降低了！

所以，世间不知有多少人会在日后觉悟到，欺骗的行为是不可靠的，是要失败的！

从实现愿望这一点考虑，诚实也是一种最好的策略。

没有谁会否认别人的信任对自己的重要性。社会是公众的社会，人是社会中的一员，人的根本属性就是社会性。处在社会中的人，别人对自己的信任度的高低，往往会决定其一生的命运。

恐怕人人都知道"狼来了"的故事。尽管这只是一个虚构的故事，但它说明了信任有多么重要。现实中常有人自觉不自觉地损害别人的信任而很不以为然，结果是可想而知的。

人类已进入的21世纪，人与人之间的亲和力和信任度已成为生存的武器、成功的关键。提高别人对自己的信任度，越来越成为掌握自己命运的要素。中国有句俗话"言而无信，不知其可也"，讲的就是诚信的重要性。

在平常的生活中，信任度主要是从小节上积累起来的。要提高别人对自己的信任度，可以采取的做法有：

第一，不知道的事，就坦白承认。有一位加州大学知名教授在授课中，讲到一次使用老鼠作为实验对象的实验。突然有一位学生站起来发问："若改用其他动物，实验结果会一样吗？"

人们期待教授会有精彩的回答，不料，这位知名的教授坦白地回答："我也不知道！"一般的大学教授，恐怕都不会坦率地回答"我不知道"吧！而多以"我想是这种结果吧"等话语，轻描淡写地对此予以带过。

第二，犯错后，用行动表达自己的歉意。某公司开会时，在分发给出席者的复印资料中漏印了某一部分。复印的工作由一位新来的女职员负责，虽然她所犯的过错并没有对会议产生严重妨碍，但这位女职员毫不为自己辩解，诚恳地道歉后，提出要求：请将资料给我重新复印，然后将完整的资料送给所有的出席者。

她的上司听到这件事后，不禁对这位女职员刮目相看。因为，弥补过错的态度远比单纯地道歉更能使人感受到她强烈的责任感和诚意。

第三，道歉的程度应超乎对方的期待。一家以"良心"为名的出版社，出版了一套名作家的作品，其中的一册被读者指出有一个错误。这家出版社立即向这位购买全套书籍的读者致歉，并将仅有一个错误的书籍收回，重新校正排版。这种认真严谨的专业态度大大提高了该出版社的声誉。

提高信任度的办法还有许多，但都离不开"诚信"二字。在生活中、工作中，我们要身体力行，不断增强自己的实力，提高别人对自己的信任度。

4."忠诚"投入，回报无价

在中国古代，上至贤明君主，下至平民百姓，留下了许多诚实守信的故事。曾子以信教子的故事被传为美谈；商鞅是战国时期著名的变法家，为了树立威信，商鞅在变法前下令在秦国都城南门外立一根3丈长的木杆，当众许下诺言并兑现，商鞅变法也因此很快在秦国推广了。

古人云："诚者天之道也，诚者人之道也，诚者商之道也。"又云："诚招天下客，誉从信中来。"

而今人云："诚信是市场经济的黄金规则。"又云："诚信是现代文明的基础与标志。"从中可知，从古到今，诚信乃立身处世、从政经商之通理。

没有诚信的社会，终究会止步不前；没有诚信的企业，可能逞一时之快，却不能长久，犹如没有土壤滋养的鲜花迟早会凋零一样。因此，诚信是企业文化建设的重中之重。

从企业文化的内涵中可以看出，企业文化决定经营管理的价值观念和行为方式。"企业文化就是经营者要办成一个什么样的公司的宣言，对外是公司的一面旗帜，对内是一种向心力……"

从中可以看出，企业文化这面"旗帜"直接影响着企业形象。所以在企业对外行为这一层面来说，推进企业文化建设就是推进企业形象、企业道德的建设。

据社会调查资料显示，在顾客心目中，企业的诚信度已成为评价一个企业形象和企业道德好坏的标准。换言之，诚信直接关系到一个企业的形象和市场的占有率，企业形象和市场的占有率又与企业的经营业绩和效益直接挂钩。而企业形象和企业道德又属于企业文化建设范畴，所以说企业诚信不仅是企业文化建设中的一部分，而且是企业文化中的重中之重。

企业有了诚信，就有可能有市场、有客户，就有可能有员工对企业的忠诚、企业对用户忠诚，也才可能有对"投入忠诚"的回报。

凡是出现诚信危机的地方，几乎都是不注重精神文明建设和文化建设的地方。文化上缺乏诚信氛围，信用上缺乏文化底蕴，最后的结果只能是行为上的"不讲信用"。

诚信危机带来的经济危机和生存危机绝非危言耸听。美国安然公司的倒闭就是一个很好的例证。该公司当初只用4年的时间就使其股票市值增加了500亿美元。

然而，随之只花了半年多的时间将其毁于一旦，这不正是安然的诚信危机和贪婪使之自掘坟墓的结果吗？可见塑造"诚信为先"的企业文化，讲求"诚信"，对企业来说至关重要。

企业面对的市场竞争必然是激烈的、残酷的，而要迎接入世后的挑战，尽快融入世界经济大潮之中，就必须遵循市场规则，培育规则意识，塑造"诚信为先"的企业文化。

首先，要在全体员工中树立观念上的"诚信"、思想上的"诚信"、精神上的"诚信"。在塑造"诚信为先"的企业文化任务中，领导要担当起重要责任，要在员工中开展各种教育活动，积极引导他们转变"观念"，逐步树立"诚信经营"的文化理念，要在公司上下形成"诚信为本、操守为重"的良好的行业风尚。

其次，塑造"诚信为先"的企业文化，要从企业的各个环节抓起，要在规划设计、工程招投标、施工管理、商品房销售、物业管理等方面，实行诚信经营制度，遵守诚信经营公约，并建立起"打铁还要自身硬"的监管机制。

通过"诚信经营、公平竞争"的文化理念和文化建设，促进公司的事业向规范化、健康化的道路发展，进一步维护市场秩序和广大消费者的合法权益，不断赢得市场和消费者。企业文化建设是一项既十分重要而又十分艰巨的任务，需要长期不懈的努力。

"千里之行始于足下"，只有一点一滴地注重企业文化的建设和积累，才能把企业文化的基础夯实；只有建立"以人为本，诚信为先"的企业文化，才能增强企业凝聚力，树立企业品牌，赢得市场，使企业蓬勃发展。

5. 欺骗别人等于欺骗自己

为人不可不诚实，靠骗术行事只会让自己遭到惨败，因为诚实是做人的基本品性。欺骗者最后一个欺骗的对象是自己。

日本山一证券公司的创始人小池田子说过："做生意成大事者第一要诀就是诚实。诚实像是树木的根，如果没有根，树木就别想有生命了。"这确是小池的经验之谈，他正是因诚实而起家的。

小池田子20多岁时开小池商店，同时替一家机器制造公司当推销员。有一段时期，他推销机器很顺利，半个月内便跟33位顾客签订了契约，并收了定金。

之后，他发觉所卖的机器比别的公司出产的同样性能的机器贵，感到很不安，立即带着签订的合同书和定金，整整花了3天的时间逐家逐户去找订户，老老实实说明他所卖的机器价钱比别人卖的机器贵，请他们废弃契约。这使订户深受感动，结果33人中没有一个废约，反而对小池田子极其信赖和敬佩。

消息传开，人们知道小池田子经商诚实，纷纷来他的商店购买货物或是向他订购机器。诚实使小池田子财源广进，最后成了大企业家。

在许多人心里，认为"老实人吃亏"，"老实就是无用的代名词"，这种偏见是非常有害的。当年大庆油田奉行的企业精神就有"三老四严"之说，"三老"就是"做老实人，说老实话，办老实事"。无数事实证明，诚实的人并不吃亏。

播种诚实，可以收获信誉；播种欺骗，只能收获失败。

世界上假的东西很多，它们在一个时期内也确实蒙蔽了不少人，但假的终究是假的，经不起考验。我们要达到成大事的目的，靠欺骗手段可能会一时奏效，但远不如诚实更有用。

6. 宁愿失败，不愿失信

诚实守信是一个人取得成功的最重要的资本。我们立足于人世间，对别人讲信用是筑牢自己根基的最好办法。根基稳可使自己一帆风顺，即使遇到困难也可以在他人的帮助下挺过去。但不守信用、抛弃信用的人则不同，人们不仅不会与他合作，甚至会把他看得一钱不值。因不守信用而成为孤家寡人，自然不会有好的结果。

严己守信可以为自己赢来良好的信誉。它不仅表现在人前的行为控制，而且体现在人后的自我约束。因此，这是一个人应该但很不容易养成的高尚品格。

人生的成功会告诉我们：守信且做到严以律己，是人生中无穷的力量，是事业中成功的保障。

"巧诈不如拙诚。""巧诈"是指欺骗而表面掩饰的做法。"巧诈"乍看好像是机灵的策略，但是时间一久，周围的人怀疑甚至远离的可能性会提高。

"拙诚"是指诚心地做事，行为或许比较愚直，但是会赢得大多数人的心。所以，人生中与其运用巧妙的方法来欺瞒他人，不如诚心诚意地来对待别人。

认识一个人很容易，算算一年365天，与我们擦肩而过的人太多了。可是从擦肩开始，要与一个人交往下去，无论是以通过书信或见面做客的形式，都可以敞开心扉相与之细论者，可谓少之又少了。

"千金易得，知己难求。"

"人生得一知己足矣，斯世当以同怀视之。"

鲁迅自与瞿秋白相交后，曾书此联以赠。

的确，朋友能变成莫逆之交。在成为知己以后，关心我们，爱护我们，在我们困难的时候宽慰我们，在我们成功的时候祝福我们，在我们忘形的时候提醒我们，在我们灰心的时候鼓励我们。这是非常难得的。

可以说，没有一个人会不愿倾己一生一世交这么一个朋友的。好的朋友，可以点缀我们的生命，使我们体味情感的丰富层次，生活的斑斓色彩。

要在茫茫的人海中觅到朋友，觅到知己，除了那不可解的缘分外，最重要的还要靠自己的修养和努力，就像吃果子得先栽果树一样。朋友不会自己无缘无故地来找我们，也不会无缘无故地与我们成为知己。

要得朋友，必须首先使自己成为一个比较容易为人欣赏的人，这种欣赏当然包括容貌、风度。但更重要的是一个人所表现出来的品质和修养，例如诚实守信、宽广的胸怀等。

现在许多人好像喜欢运用巧诈。其实，人际关系的基本原则，古今无多大差别。喜欢诈术的人，虽然能一时欺瞒别人，也能获得利益，但是，久而久之，就一定会露马脚，失去别人对他的信赖。最终不但获利不多，反而损失更大。

交了朋友后，始终能保持一种积极的心态，也是非常重要的。假如有一个朋友很欣赏我们，在各种场合、各种情况下非常关心和爱护我们，而我们只是很舒服、很感温暖地享受这份友情，却不懂得也应该以同样的真诚去回报他，那么这一段本来可以发展得枝繁叶茂的友谊，也许就会中途夭折。付出以心相许的情感，才能得到终生不渝的友谊。故古人云："百心不可得一人，一心可得百人心。"

第四编　强者的发展壮大战略

　　强者的发展壮大战略是利用团队的优势，通过市场竞争中优胜劣汰的法则来完善自己，发展自己。团队的分工协作精神是现代企业的灵魂，孤胆英雄拯救企业命运的时代已经彻底结束。现代企业要运用团队的智慧，通过分工合作，在竞争中做大做强。

第一章 强者的企业管理

在日益激烈的企业竞争中，人们正日益被一种称为"狼性文化"的企业管理和运作模式所吸引。狼者，群动之族。攻击目标既定，群狼起而攻之。头狼号令之前，群狼各就其位，欲动而先静，欲行而先止，且各司其职，嗥声起伏而互为呼应，默契配合，有序而不乱。头狼昂首一呼，则主攻者奋勇向前，佯攻者避实就虚，助攻者蠢蠢欲动，后备者厉声而嗥以壮其威……

1. 强者企业文化的打造

狼性文化，顾名思义，是一种带有野性的拼搏精神。狼其性：野、残、贪、暴。自古以来它总是与几千年的孔孟中庸之道格格不入，格格不入的原因便是中庸之道的主导精神：循规蹈矩、忍辱负重，它是一种不偏不倚，折中调和的处世态度，讲究的持之以恒达成目标。而狼性文化讲究的是丛林法则，胜者为王。在如今这个竞争激烈的社会，温和的中庸之道显然已经不能适应快速发展的社会需要，拼搏进取的狼性法则更适用于企业的发展。

企业推崇提倡的狼性文化，即是指这种推进企业发展，为社会和人类创造效益的非凡潜能，更重要的是这种潜能释放出来的拼搏精神。

狼性的四大特点——贪、残、野、暴，都应在团队文化中得以再现，"贪"就是对工作、对事业要有贪性，无止境地去拼搏、探索；狼性的"残"用在工作中，便是指对待工作中的困难要一个个地、毫不留情地把它们克服掉、消灭掉；狼性文化的"野"，指在工作中、事业开拓中的拼搏精神；狼性文化中的"暴"，则是指在工作的逆境中，要果敢地对待一个又一个难关，不能对难关仁慈。

一个企业要发展，没有这种贪、残、野、暴的精神是不行的。如今的时代，是一个竞争的时代，只有在竞争中才能推动社会经济的发展。那么，没有这种贪、残、野、暴，在残酷的竞争中，企业就会被撞得头破血流，败下阵来。因此，团队崇尚的狼性文化，就是要在浪尖上求生存，浪谷中图发展。只有这种狼性团队文化，才能在竞争中生存、发展，立于不败之地。

狼，狼狠地盯住一个目标，锲而不舍，用心专一，不达目的绝不罢休。狼性如此，成功之势定矣。

一个企业的发展，势必要设定一个目标，然后紧紧盯住这一目标，千方百计去实现，这才是成功之道。

狼习群居，群而发之，群而进之。目标出现，群而攻之。狼对于目标之攻击，常在群首号令之前，有序而不乱，各自心领神会、配合默契，各司其职，有条不紊。主攻者勇往直前，佯攻者避实就虚，助攻者蠢蠢欲动，后备者嚎叫助威……组织之严密人所难及，协作之精神更让人赞佩不已。若把这种精神力量、组织力量用于企业、用之于事业，充分融入我们企业文化之中，何愁企业不胜？何愁事业不成功？！

中国的很多企业家就是拥有了狼的这种毫不留情的拼搏精神才创造出了一个又一个的奇迹。这些中国企业家身上大致归纳有五种狼的品质，即有眼光、有能力、有魄力、有激情和有自信。

2．学会使用聚集效应和协同优势

有这样一个幽默故事：

一位石油大亨到天堂去参加会议，一进会议室，发现座无虚席，自己没有地方落座。于是，他灵机一动，喊了一声："地狱里发现石油了！"这一喊不要紧，天堂里的石油大亨们纷纷向地狱跑去。眨眼间，天堂里就只剩下那位后来的石油大亨了。

这时，大亨心想，大家都跑了过去，莫非地狱里真的发现石油了？

于是他也急匆匆地向地狱跑去。

还有另外一个故事：

有一个人白天在大街上跑，另外一个人看到了，也跟着跑。结果整条街的人都跟着自己前面的人跑，场面相当壮观，不清楚的人还以为发生什么大事了。

除了第一个人，大家并不知晓自己跑的真正理由，仅仅因为第一个人的奔跑带动了其他人。这样，满大街的人都成了别人眼里的疯子。

这两个故事说明，人们都有一种从众心理，由从众心理而产生的盲从现象就是"羊群效应"。

羊群是一种很散乱的组织。平时，大家在一起盲目地左冲右撞。然后，一只头羊发现了一片肥沃的绿草地，并在那里吃到了新鲜的青草，后来的羊就一哄而上，你争我夺，全然不顾旁边虎视眈眈的虎狼，或者看不到远处还有更好的青草。于是，人们就用羊群来比喻没有自己的判断力、经常盲从的普通大众。

羊群行为产生的主要原因就是信息不完全，由于未来状况的不确定，导致了人们的判断力出了问题，因而才有了从众的盲动性。

正确全面的信息是决策的基础。在这个时代，信息的重要性是不言而喻的，不重视信息收集的企业和个人无异于自取灭亡。

要找到正确的方向，敏锐的判断力也是必不可少的。很少有人天生就拥有明智和审慎的判断力。实际上，判断力是一种培养出来的思维习惯。因此，每个人都可以通过学习或多或少地掌握这种思维习惯，只要下功夫去认真观察、仔细推理，就可以培养出来。

收集信息并敏锐地加以判断，是让人们减少盲从行为，更多地运用自己理性的最好方法。羊群变狼群，理性地利用和引导羊群行为，可以很快地创建区域品牌，并形成规模效应，从而获得利大于弊的较佳效果。

如果一个地区的经济处于刚刚起步阶段，绝大多数企业都只能是中、小规模的企业，对外竞争力肯定不强。

但是，经过明确的分工和社会化协作，密切相关的产业可以形成配套体系，聚集成完整的产业链，实现"聚集效应"。大量的企业聚集群加之合理的分工协作，以及对品牌、技术专长等无形资产的共享，又会产生诸多协同优势：

（1）成本优势的协同效应。企业在聚集过程中，提高了企业之间的交易效率，形成了产业关联较强的企业。而且由于地理位置接近，节省了相互物质和信息的转移费用，因此降低了交易成本。中小企业通过共同使用公共设施，减少分散布局所增加的额外投资，这一有形共享又减少了不少的成本。

（2）创新能力的协同效应。系统论表明，系统中各要素的协同作用能产生新的特质。大量中小企业的聚集促进了企业之间、人员之间的非正式沟通，地缘及亲情使企业具有天然的亲和性。实现各企业的协调互补，可以使一项新的科学技术、管理经验在相关或相似的企业不断推广，组合派生出更多的创新。它不仅推动了区域内的规模经济，而且实现了外部范围的规模效益。

（3）动态柔性的协同效应。许多企业的相互作用、协调互补，在长期的交流与协作中逐渐地形成了复杂、灵活多变的竞争优势。这种无形的协同竞争优势是动态的、发展的、微妙的，能创造难以估量的效益。

在聚集效应和协同优势的作用下，一些羊群企业纷纷脱颖而出，蜕变为狼群企业。

3. 靠集体智慧打造强者团队

现在社会，团队建设已成为最受企业欢迎的培训课程。企业在饱受长期内耗之苦以后，希望通过提倡一种团队精神来改变现状，于是四处找寻团队培训，不惜重金到户外进行team-working或team-building的培训。当时感觉不错，可回来后就不灵了。

原因很简单，我们工作的环境及内容与户外活动有很大的不同。离开了特有的环境、特有的内容和氛围，培训的那套方法自然不灵了。毕竟工作与游戏有本质的不同。

那么如何打造一支超级团队呢？

追求团队精神固然是最重要的因素之一，但团队精神的产生必须经过有效的团队磨砺。因此，团队建设方法和团队精神一样都不能放弃。为了说明这一点，首先应明确团队的概念：团队是由基层和管理层人员组成的、愿意在认同的程序下工作的共同体。它合理利用每一个成员的知识和技能协同工作，解决问题，达到共同的目标。

不难看出，在团队的运作中，程序（方法）是灵魂。在好的程序与方法下，团队成员会共同思考，统一行动，这样坚持下来便会形成一种行为习惯，这种习惯会不断提升团队精神。

反之，没有好的、为成员认同的程序和方法，光有团队精神也难以协调运作，团队精神也不过是口号而已。

身为团队的领导就是要找到可遵循的方法，并让团队成员也认同和使用这些方法。成员培训的重点，应放在学会处理管理事项的共同方法方面。这里举一个成功打造出超级团队的例子。

一个主管升任总裁之后，为在组织内推行团队精神，把各级主管分批派去参加培训，大家都学到了处理和解决管理问题的共同方法。为了将培训的成果巩固下来，他有意制造了一种氛围，并身体力行。

果然，这个组织的气氛几乎在一夜之间改变了。他们学会了公开讨论，并愿意把自己的构想和别人交流。通过将学到的共同方法加以运用，使他们能够解决更多的问题，做出更好的决策。

这位总裁通过引进一种工具和观念，使团队成员的“努力”得到“协调”和“整合”，互助合作及团队精神也就水到渠成。他并没有立意要建立团队精神，而团队精神却通过团队成员在共同的准则、程序及共同的工作中产生。

想要打造一支超级团队，需要持久的、坚持不懈的努力，这个过程的关键就是要找到适合团队的程序和方法。

在这里我们提供一个每个成员都愿意为之奋斗的模式——超级团队模式。

——渴望成功。超级团队非常有活力，每个成员都能担负起责任，大家在渴望成功的基础上，寻求最好的合作发展。

——不断改进。成员对自己和他人有很高的期望，并不断寻求进步。

——离经不叛道。成员遵循一定的规则和方针，但又不拘泥于规则，他们能够坚持和他人沟通，无论是独自工作还是群体工作，都能取得很高的效率。

——主动进取。成员反应迅速、态度积极乐观，行动能力强。

——重视领导。成员敬重识大体、有活力的领导人，并且希望在他们的领导下共同争取外部资源与支持。

——以人为本、强调协作。成员尊重知识、竞争和贡献胜过身份和地位，他们注重合作及解决问题。超级团队在履行任务的过程中，始终以使命和目标为导向。他们持之以恒，但又不失灵活。

——理性、顽强并勇于创造。成员能够分清事情的轻重缓急、敢于面对问题。能够选择合适的方法清除障碍，方法可以是灵活的、创造性的或者规范化的。

——富有创新。成员能适度冒险以获取卓越成绩。

——容易接近。成员不断和外界接触，让外界了解自己，积极寻求外部的反馈与帮助。

——勤奋敬业。成员理解组织的战略和经营哲学，并希望实现组织的目标。他们在一个开放的文化中发展。他们所在的系统授予他们权力，也希望他们承担责任，以便完成双方共同商定的目标。

——与所在的组织互相影响、共同发展。团队成员和团队创始人一样拥有权力，因为个人的影响力取决于信誉而非权威。

我们可以从以上各点中了解到超级团队的准确形象，但要真正实现这样的目标，还需要所有成员的理解和努力。

第二章　强者的领导者素质

在企业竞争中，人才的素质是决定胜负的重要因素，谁拥有更多的高素质的人才，谁也就拥有了人才竞争中的主动权和制胜权。领导者作为一个组织正常运作和发展的发动者和推动者，承担着繁重的组织领导和管理工作。他们的素质如何，直接关系到组织领导和管理工作的成败。"政治路线确定之后，干部就是决定的因素"。可见，领导者的素质对我们事业的兴衰、强弱起着决定性作用。

一个企业要发展壮大，没有好的领导者是不行的。一个优秀的领导者可以引导企业走向辉煌，一个平庸的领导者会把企业引向深渊。

1. 树立良好的成功者形象

在过去的几十年里，有大量的有关管理方法、手段和技巧的著述，教导读者如何通过操纵他人来达到自己的目的，然而很少有关于领导特质方面的论述。一个人要想恰当地实施领导和发布命令，就必须拥有某种特定的性格特点和品德。

"将者，智、信、仁、勇、严也……兵家者流用智为先，盖智者能机权识变通也；信者使人不惑于刑赏也；仁者爱人悯物知勤劳也；勇者决胜乘势不逡巡也；严者以威刑肃三军也。"

在企业经营中有很多未知因素。因此，智慧是很重要的，它能使一个领导者明辨出制订战略所必需的公司的优势、劣势以及机会。勇气也是很重要的，因为如果缺乏勇气，领导者就无法在时机需要时，将智慧和大胆的行动结合起来获取优势。诚实和仁慈也同样重要，因为在本质上，领导一个团队、部门、分支机构或者公司都意味着通过其他人来达到成功。纪律也是必须的，因为没有纪律就无法确保战略能成功地执行。所有这些特质都是一种强有力的、积极的、充分发展的人格表现。

正像诚实和仁慈非常重要一样，领导者还必须表现出对局面的控制，表现出自信和胜券在握。这种自信的表现不能是表面上装出来的假象，必须是建立在睿智、诚实、仁慈和勇气基础之上的真正的自信。如果领导者的特质在关键时刻特别是在企业的危急时刻不能有效地表现出来，那么他的跟随者就会对他的能力产生怀疑。

美国陆军对培养具有特质的领导者有着浓厚的兴趣。"战场手册"中的"军事领导才能"，就是为告诉军官们什么是领导以及如何成为一名领导者所特别撰写的。军队如此，企业更是如此。

又有哪个企业不希望它的经营人员和管理人员拥有所有这些特质呢？具有这些能力和敏锐的商业洞察力的领导者所领导的公司势必会极其成功，对社会也是一种恩惠。它的产品和服务会很受欢迎，与客户的关系必然非常良好，它的符合伦理的行为必然会成为其他公司和组织的榜样。

一名优秀的领导者不仅要具有上述的特质，而且还要具有与个人价值观相一致的自我约束能力，他的行为也必须同这些价值观相一致。同样重要的是，优秀的领导者不会表现出会对组织造成伤害的性格缺陷，如犹豫不决、欺骗、胆怯、自私等。

不幸的是，尽管各个时期都不乏优秀的企业领导人的范例，但缺乏良好特质的企业所有者、经营者和管理者的数量远远超过了优秀领导人的数量。之所以这样说是因为，自罗马时代就有"一经售出，概不退换"的说法。其间经过了资本主义早期阶段对雇员的恶劣对待，直至20世纪早期的劳资斗争。现在的企业问题，例如印度博帕尔事件和埃克森瓦尔德兹油轮事件，以及公司裁员的处理不当，还在不断发生。

为了取得成功并改善形象、增加对社会的贡献，企业有责任使其经营者、管理者和雇员具有良好的特质，并投入资源来帮助他们培养这种特质。

2. 有效执行企业的战略意图

要使我们的员工明白我们的意图与战略并加以执行，他们就必须了解总体战略以及他们在其中的任务。

为使他们的工作能有效进行，员工必须首先明白他们的努力应该如何配合整个的蓝图。类似地，公司内部的事业部和每个事业部的职能部门必须了解他们的任务以及如何相互配合。

不幸的是，管理人员在给组织和个人分派任务时，经常会模糊不清或者界限不明。两个产品事业部为同样的市场生产相似的产品，因为在最高层，没有人能决定哪个事业部最适合服务于该市场。

同一事业部的两个职能部门在做同样的工作，因为他们的领导不能很好地共同工作或彼此之间存在不信任。一位管理者分派给两名员工同样的任务，认为把任务交给了两个人，那么至少会有一个人能完成。所有这些都会导致浪费、混乱和士气低落。

如果企业的目标是利润最大化，什么样的公司能够负担得起让两个部门为同一市场生产类似的产品呢？在一个事业部中，如果一个职能部门的员工想到另一个职能部门的人正在侵入他们的工作范围的话，这两个职能部门又如何能恰当地共同工作呢？

如果没有一个清晰的任务，职能部门怎么能组织和表现良好呢？当员工发现在他负责的领域还有其他人被安排了同样的工作时，他们怎么能以迅捷、热情和高效率来进行工作呢？

从20世纪80年代到90年代早期，通用汽车公司在事业部的任务划分方面非常不明确。当阿尔福雷德·斯隆于20世纪20年代在通用汽车公司创立事业部结构时，他的设想是每一事业部为特定市场生产一种特定的产品。雪佛莱是专为那些刚刚参加工作的或普通的人制造的，但是对那些在工作上已做出成绩并有一定地位的人来说，新的庞迪亚克可能是他们所期待的产品，然后是奥兹莫比尔，接下来是别克，或者甚至是凯迪拉克。

然而，随着时间的推移，分配给事业部的任务没有被遵守，界限变得模糊不清，每个事业部都开始建立更广泛的汽车生产线。不同事业部所生产的汽车之间的差异已经消失，以前有含义的名字（如别克和凯迪拉克）如今也没什么意义了。

公司总部失去了明确的方向和对事业部的控制，每一事业部都试图为所有顾客提供所有产品，结果就导致资源的浪费、差异的减少、顾客的混淆和市场份额的丧失。

为了避免这种情况，公司必须首先确定它的整体战略，然后给事业部设定清晰的任务和市场，以减少产品的重叠和混淆。之后，对这些界限要进行严格的控制，以使目的的清晰性和工作重点能够得以保持。

相似的情况也会发生在职能部门之间。事业部的领导们在没有搞清楚各职能之间如何协调之前，就对职能部门进行重组并创造一些新职能。他们相信，在重组之后，各职能部门中的人员就能够共同决定使任务得以完成的工作流程。

这是一种导致灾难的方法。在这些职能部门中的人们会把时间浪费在相互争斗上，因为他们要尽力保护自己的地盘和工作。正像一个公司必须首先确定战略，然后才能安排任务一样，在进行重组时，领导者必须首先设计流程然后才能设立组织。

一旦我们已经确定了战略并分配了任务，就必须确保这一信息没有"停止于"我们的办公桌，而是每个人都知道了这个高水准的行动计划以及他们在其中的位置。这需要制订一个沟通计划。

3. 集中精力，完成任务

1897年，意大利经济学者帕累托在研究中偶然注意到一件奇怪的事情：19世纪英国人的财富分配呈现一种不平衡的模式，大部分的社会财富，都流向了少数人手里。

在当时社会，这件事本身并没有什么值得大惊小怪的，但令帕累托真正感到兴奋的是，这种不平衡模式会反复出现，在不同时期或不同国度都能见到——不管是早期的英国，还是与他同时代的其他国家，或是更早期的资料——而且这种不平衡的模式反映了统计学上的准确性。

帕累托从研究中归纳出这样一个结论：如果20%的人口拥有80%的财富，那么就可以预测，10%的人将拥有约65%的财富，而50%的财富是由5%的人所拥有。

在这里，重点不仅是百分比，而在于一项事实：财富分配的模式是不平衡的，而且这种不平衡是可以预测的。因此，80／20成了这种不平衡关系的简称。不管结果是否恰好是80／20，因为严格来说，精确的80／20关系不太可能出现。后人对他的这项发现有不同的命名，如帕累托法则、帕累托定律、80／20法则、80／20定律、二八法则、最省力法则、不平衡原则等。

80／20法则无时无刻不在影响着我们的生活，然而人们对它知之甚少。约瑟夫·福特说过："上帝和整个宇宙玩骰子，但是这些骰子是被动了手脚的。我们的主要目的，是要了解它是怎样被动的手脚，我们又应如何使用这些手法，以达到自己的目的。"

80／20法则对于管理者而言意味着什么？

我们已经明白，用20%的付出，就能获取80%的回报。下面的问题是，那20%的努力和工作是什么？管理者应该怎样去做？

在公司管理中，要运用80／20法则来调整管理的策略，首先就要看清楚公司在哪些方面是赢利的，哪些方面是亏损的。只有对局势有了全面的了解，才能对症下药，制定出有利于公司发展的策略。如果不了解公司在什么地方赚钱，在什么地方亏损，脑袋里是一笔"糊涂账"，也就无从谈起80／20法则的运用，而那些琐碎、无用的事情将继续占据我们的时间和精力。

所以，一个经营者的首要任务是，对公司做一次全面的分析，细心审视公司里的每个细微环节，理出那些能够带来利润的部分，从而制定出一套有利于公司成长的策略。

我们要找出公司里什么部门业绩平平，什么部门创造了较高利润，又有哪些部门带来了严重的赤字。通过这些分析比较，我们就会发现有哪些因素在公司运作中起到举足轻重的作用，而其他却微不足道。

在企业经营中，少数的人创造了大多数的价值，获利80%的项目只占企业全部项目的20%。因此，我们应该学会时刻关注那些关键的少数，时刻提醒自己是否把主要的时间和精力放在关键的少数上，而不是用在获利较少的多数上。

然而，在现实的商业活动中，许多企业家还没有认识到80/20法则的作用，他们依然用陈腐的观念进行经营管理，认为企业内所有的一切都应该倾注全部的精力。他们在许多事情上总是一概而论、不分主次，结果耗费了80%的资源和精力，却只产生20%的价值。

对于管理者而言，认识80/20法则，不只是要我们树立几个重要的观念，更重要的是要把这些重要观念转化成习惯，进而用80/20法则来思考，用80/20法则来指导自己的行为。

有所为有所不为。简而言之，在经营管理上，80/20法则所提倡的指导思想就是"有所为有所不为"。将80/20作为确定比值，本身就说明企业在管理工作中不应该事无巨细，而要抓住管理中的重点，包括关键的人、关键的环节、关键的岗位、关键的项目等。

那些胸怀大志的企业家，就应该把企业管理的注意力集中到20%的重点经营项目上来，采取倾斜性措施，确保重点突破，进而以重点带全面，取得企业整体经营的进步。

这一企业管理法则之所以得到国际企业界的普遍认可，就在于它向企业家们揭示了这样一个真理：要想创建优良的管理模式，为企业带来效益，就要使自己的经营管理突出重点，就必须弄清楚企业中20%的经营骨干力量、20%的重点产品、20%的重点客户、20%的重点信息以及20%的重点项目到底是哪些；然后将自己经营管理的注意力集中到这20%上来，采取有效的措施。

美国、日本的一些国际知名企业，经营管理层都很注重运用80／20法则指导企业经营管理运作，随时调整和确定企业阶段性20%的重点经营业务，力求采用最高效的方法，使下属企业的经营重点也能间接地抓上手、抓到位、抓出成效。这也就是为什么美国和日本的企业虽然很大，但管理得有条不紊、效益优良。

80／20管理法则的精髓就在于使那些重点经营业务得到突出管理，并有效带动企业的全面发展。

从美、日知名企业成功运用80／20法则的经营实践中，我们得到两点收益：其一，明确自己企业中20%的经营业务是哪些。其二，明确应该采取什么样的措施，以确保20%的重点经营业务取得重大突破。坚持这些原则，我们的企业一定会改头换面，焕发新的活力。

4. 敢于发现和任用人才

实践表明，一个组织的生产效率和未来发展，往往取决于少数关键性的人才，这些人可以帮助企业获取大部分的利润。我们传统的观念是，多数人才为企业的发展做出了主要贡献。实际上，这些人看起来也很忙碌，但并没有为公司创造什么价值。为企业或公司做出主要贡献的其实是少部分人，是这20%的人创造了大部分利润。

按照80／20法则进行人力资源开发，首先就是要找到这20%的关键人物。为了找出他们，企业需要做一次全面的80／20分析，其中包括：产品或产品群分析；顾客和顾客群分析；部门及员工分析；地区或分销渠道分析；财务及员工收入分析；与企业员工相关的资料分析。

通过种种分析，我们会发现哪些人是重要的，而哪些人是无足轻重的。运用80／20法则管理人力资本，有可能使人力资本的使用效率提升一倍。如果管理者无权或无力构建新制度，那么在现行制度下局部使用80／20法则，也会有助于组织目标的实现。

发现"关键少数"成员，实际上就是要发现对公司贡献最大的人。人力资本不像管理成本和营销成本，是看不见摸不着的，这就需要管理者有"伯乐"般的眼睛，找出那些真正能为公司出谋划策的人。找到"关键少数"成员是必要的，但建立有效的收益分配机制，防止人员流失更为重要。

对组织中的"关键少数"成员和由"关键少数"成员构成的团队，要实行动态管理，即实行优胜劣汰制度，勇于启用优秀人才，淘汰不合格员工，建立具有魄力的管理制度。这是维持组织活力，保持组织核心竞争力的必要条件。

第三章　强者的超级企业塑造

一个优秀的企业领导者，知道自己的全部优点和弱点，更知道自己所面对的市场的特征和习惯。在不同的时间和地点，面对不同的对手，领导者会采取不同的策略，领导团队的成员各就各位，各司其职，用他们的智慧、力量、勇气与对手博弈，最终战胜各种艰难险阻，从行业中脱颖而出。

1. 超前思维，敢于进攻

进攻型战略，从词义上看，有攻击、突破、领先、挤占、排斥等含义。归纳起来，可以说这种战略的行为特征就是通过竞争主动地向前发展。进攻型战略的这一特征可体现在各个方面，但基本上可分为产品进攻型战略、成本进攻型战略和市场进攻型战略。

一般来说，进攻型战略的实施要求企业有更充分的可分配资源的支持，这又相应地增加了战略实施过程的风险性。因此，一个企业要想通过进攻型战略获得真正的向前发展，应当始终把握的一个原则，就是要集中重点，选择明确的战略方向，力求在尽可能短的时间内取得战略性突破，形成比竞争对手领先一步的竞争优势。

奥克斯空调作为年轻一代家电领域的"弄潮儿"，总是能够精准把脉市场动向，跟着行业的发展节奏，在战略转型的道路上，从"家电下乡"到"一带一路"，从首个转型做电商到布局品质战略，从"网批模式"到全面布局"新零售"，奥克斯都是"第一个吃螃蟹"的。

2017年，奥克斯首创"网批模式"，以整合信息流、资金流、物流、服务流的价值链条，构建起了去层级、提效率、降成本、高体验为核心的全新商业模式，通过厂家直供的方式真正让利于经销商，打造至真至诚的利益共同体。用了短短一年的时间，"网批模式"就已经在全国遍地开花，网批大会规模呈几何式增长。显而易见，奥克斯此番探索再一次成为行业进攻的成功案例。

在以"绿色、健康"为主旋律的2019年，作为"健康空调倡导者"的奥克斯，采用机器人智能技术，丹麦高保真噪音测试仪等先进技术，强力推出了"健康空调"，为改善人类的生活质量贡献了自己的力量。

奥克斯空调常年来一直以科技营销作为主要传播手段，从而使其在发展新战略的同时依然能够较好地进行品牌知名度与美誉度的提升，并轻而易举地走在该行业的前头。

2. 发展才是硬道理

优秀公司最重要的特色莫过于能及时灵活地采取行动。许多公司虽然组织很庞大，但它们并未因过分复杂而停滞难行。它们从不屈服，也从不创设任何永久的组织。它们从不沉溺于长篇大论的公文报告，也不设立僵化的组织结构。

公司领导者确信人一次只可能处理少量信息，并且一旦意识到自己是独立自主的，他们就会大受鼓舞，其工作积极性也大大提高。

一般公司内常有的抱怨常常是由于其组织结构过分复杂，然而，令人耳目一新的优秀公司却没有这样的问题。Digtal、德州仪器、惠普、3M、IBM、达纳、麦当劳、埃默森、比克特尔、波音、德尔塔航空等公司的高级领导并未被一大堆公司组织图或工作说明所"淹没"，他们准备妥当，集中火力，瞄准目标，在尝试中学习。

在我们看来，优秀公司的结构形式只有一种关键的特性：简单。只要具有简单的组织形式，很少的员工就可以完成工作。

事实也是这样，大部分优秀公司的管理层员工相对较少，员工更多的是在实际工作中解决问题，而不是在办公室里审阅报告。

在基层，实际操作者更多，管理者很少。因此，我们粗略地得出了"百人规则"，即大型公司的核心领导层没有必要超过100人。

在拥有10亿美元资产的英特尔公司，事实上没有固定的行政人员，所有部门间的行政人员分配都是临时性的。在价值20亿美元资产的沃尔玛公司，创建者萨姆·沃尔顿信赖公司总部空无一人的规则："关键在于走进商店仔细倾听。"

同样的规则也适用于一些经营状况良好的小公司。

如ROLM公司，它由15名员工组成公司总部管理着价值2亿美元业务。当查尔斯接管价值4亿美元的克利夫兰公司时，他被行政人员的数目吓坏了。在几个月的时间里，他把公司总部人员从120人减到了50人。在这些例子中，绝对数目令人印象深刻，但如何划分员工工种也是非常重要的。

首先，母公司应该保留哪些职能？许多优秀公司的答案为无。在强生、3M、惠普和其他一些公司，产品开发虽然常常是整个公司或集团的活动，但都完全下放到了各个分部。达纳公司将诸如采购、财务和人事这样的职能都下放到工厂，成效卓著。

战略企划人员当然是母公司层次的职能员工，但弗卢尔工程只用3名企划人员来操作价值60亿美元的业务。而3M、惠普和强生在母公司层次根本就没有设置企划人员。事实上，优秀公司将每项职能都彻底下放，至少是下放到分部这一层。

联合航空公司前任主席爱德华·卡尔森曾提出过一个水漏理论。在大多数公司中，中层管理人员除了一些"整理工作"以外——如阻止一些观点向上传和阻止一些观点向下传——几乎真的没有什么作用。

卡尔森认为，中层管理人员是一块海绵，如果中层的人员少一些，亲身实践管理就能更好地发挥作用。因此，要想使我们的组织更有效率、更有活力，就必须先给我们的组织减减肥。

人们在生活和实践中，常常会陷入复杂的陷阱，妨碍了自由的思考，这一切皆是因为欠缺简单。

当韦尔奇上任通用电气公司总裁时，产品线既长且乱，许多产品都是亏损的，韦尔奇经过认真地考虑和分析，提出"非一即二"原则：必须把本产品做成本行业数一数二的产品，否则一律卖掉。经过多年来的发展，通用电气成为世界上最有竞争力的综合性公司之一。

仔细考察和分析，当今世界最富实力的公司，几乎都遵循"简单至上"的原则。如微软多年来一直做Windows系列办公软件，英特尔公司认真做芯片，戴尔做好自己的电脑直销，美国有线电视致力于滚动新闻的制作和发布。

因此，简单原则是企业发展壮大的最基本而又最有实效的原则。

可是许多企业并没有领悟这条"基本原则"，一味追求多元化，盲目贪大求全。一会儿开发房地产，一会儿做手机，最后什么都做不大，也永远做不大。

简单原则是企业发展最基本的原则，同时也是最有威力、最富实效的原则。"简单是一种美"，"简单至上"是企业持续成长的法宝，它们应该始终贯穿于企业的经营活动中。

3. 学习型企业才能发展

一个优秀团队的成员，只有拥有纪律严明、团结一致、态度冷峻、坚毅果敢、永不妥协、策略为上、求同存异、生死相随、沟通交流、不断学习等多种优良品质，才能在竞争激烈的市场中生存下去。

当然，并非每个团队里的每个成员都拥有这些品质，这就需要团队的领导者随时组织公司员工进行企业生存发展的教育和学习。领导者要注意的是，学习千万不能走过场，要使我们的员工在学习中真正学到一些有用的东西。

公司是一个团队的集体名字，每一个员工能否具有组织纪律性，每一个管理者能否具有坚韧性，我们在这个公司里能够做什么，不能做什么？如何使公司在激烈的市场竞争中立于不败之地？这些都是公司领导必须考虑的问题。学习型企业不仅可以拯救员工的心灵，更能拯救公司的精神。

学习必须使公司中的每一个员工明白，如果我们试图只依靠自己的力量，而不借助他人的帮助，是很难成功的。只有当每一个员工真正具备了企业所需要的各种品质和智慧，与团队其他同事通力合作，协作共进，我们的团队才会所向无敌。

大自然总是通过自己的法则让最有生命力的物种获胜。如果一个公司具备了强者的种种特质，它也必将在商业竞争中生存下来，这是一个通用的自然法则，也是一个现实的经济原则。

早在中国加入WTO之初，曾有人把外国企业比喻成狼，说"狼来了"，而把国内企业比喻成羊，说自己将受到外国企业的宰割。这其实是一个心态问题，而不是实力问题。这种心态从根本上把自己放在了弱者位置上，开始就输了一着。

为什么这样说呢？因为即使是狼进入一个地方也很陌生，也需要合作。不要把自己当成羊，而要把自己当成一只并不强壮的"狼"，狼与狼之间于是就有了合作，合作基础就是中国广阔的市场，实际上就是"企业间的与狼共舞"。

如果我们把自己定位成羊，那么我们一定会被狼吃掉。如果把自己定位成一只狼，狼就会把我们看成一只狼，最起码一开始它不会马上吃掉我们。不仅要把自己定位成狼，还要打开家门"引狼入室"，只有与狼共舞，才能真正掌握狼的本领。

4. 看准市场，以变制变

企业为什么要不停地变化？因为现代意义上的"市场竞争"已经不再是一个静态的竞争模式。竞争是动态的，因为我们的对手在变，所以我们的竞争优势也因为市场变化而变化。世界上唯一不变的东西是变。对付变化只有一个办法：以变制变。

由于现代竞争越来越呈现高强度、高速度的动态，美国的战略管理教材近年来也开始怀疑"战略规划"这一概念还有没有存在价值。现代战略管理倡导的理念是：没有一成不变的竞争战略，竞争优势和先发优势都是暂时的；我们的优势与劣势随时可能因对手的变化而变化，和对手的战略互动必须加快，竞争互动成为制定竞争战略的决定因素。企业对企业CEO的重要要求是：要有预测竞争对手的反应、及时更新竞争规则或策略的能力。

企业的竞争战略要注重"有效性"，而不应忙于建立没有根基的远景。"有效性"要求企业在制定战略时要培养出一种适应变化的变化能力。这种能力体现在两个方面：一是以速度抢占战略实施的制高点，在时间上赢过对手；二是企业要培养自己的预测力和判断力，要变在人前，切忌刻舟求剑。

寻求变化的企业才能在竞争中立于不败之地。与对手的竞争，就是不断地出奇招，让对手始终感到竞争压力而疲于应付。要懂得出招，同时要坚决出招。

在擂台上，一个人不断出招、对招、错招，有用的招、没用的招，未必招招能杀人，但这一过程已构成了一股进攻的力量。"连续出招"就是在连续的变化当中，不断地进攻对手，同时不断地寻求对手的弱点，找到可以一招制敌的机会。"连续出招"同时也让对手找不到我们的主攻方向，避免与对手在一个静止的状态下做非赢即输的决斗。

企业不断寻求变化实际上是自身变革的一种需要，很多变化聚集在一起，就形成了企业变革的力量。企业不会变就只有死，变革同创新一样，对于企业同等重要。一个企业要做好，要有一个好的企业家。

但一个企业要持续发展，却依赖于它的技术、制度和文化的创新和变革。如果我们想活生生地度过死亡地带的各种危机，就必须创立新的生长逻辑。

变化是永恒的，变革也是永恒的。任何企业，只有通过对组织、结构、文化、流程、人力资源等进行变革，真正建立起高效运行的机制，才能突破前进途中遇到的障碍，不断向前发展。

中国中小企业生存平均寿命只有3～5年，集团公司平均寿命7～8年，30年前跻身于世界财富100强的企业今天有三分之一被淘汰出局。为什么有的企业能够长盛不衰有的企业却举步维艰？

企业出现问题是必然的，因为"在当今世界上，唯一不变的就是变化"，而"变化"必然引发新的问题。特别是在科技发展日新月异、竞争日益激烈的环境中，企业唯有保持高度弹性、充满创新与活力，才能在市场上继续生存。

企业最大的问题不在于外部环境发生变化，而在于企业自身能否根据这种变化采取相应的变革行动，也就是所谓的"以变制变"。一些企业管理者却认为，企业有了问题才需要进行变革，更多的人则把变革当成是一剂扭亏为盈的药方。

事实上，变革的最终目的，并不仅限于扭亏为盈等短期行为，更重要的是通过变革，使企业对变化万千的外部环境做出快速的反应，以确保企业能在激烈的竞争中保持优势。

因此，任何企业，不论其效益显著或者在行业中成绩斐然，都需要持续性地做出变革的行动。

这正是许多著名企业成功的关键因素。通用电气公司因为敢于变革、善于变革，一直保持高速增长的势头，成为全球最有价值的公司。海尔、华为、格力等国内的知名企业，无不主动地进行变革而保证了企业的持续稳定的发展。

变革不能等出了问题才实施，而应在企业处于正常发展时主动地进行。客观地说，不少企业是敢于进行变革的，但在变革实践中的盲目性，使他们付出了沉重的代价。大量实践表明，变革是一把双刃剑：一方面，成功的变革会使企业上一个台阶；另一方面，失败的变革则完全有可能葬送企业的前程。对企业而言，仅仅知道要变革还不够，更重要的是知道怎样变革。

5. 健全制度，掌握先机

由于科学技术的社会化，企业与企业之间在信息、资讯、技术上的差别越来越小，因此，企业生存就取决于其速度。一个企业要在激烈的市场竞争中站稳脚跟，没有速度是不行的。

现代社会讲究的是高效率，没有高效率，企业就可能错过大好良机。机会总是寻找那些有准备、有效率的企业，谁慢谁就会被吃掉。比如：搏击以快打慢，军事先下手为强，商战已从"大鱼吃小鱼"变为"快鱼吃慢鱼"。大而慢等于弱，小而快可变强，大而快王中王！快就是机会，快就是效率，快就是瞬间的"大"，无数的瞬间构成长久的"强"。竞争的实质，就是在最快的时间内做最好的东西。

现在的游戏规则更清楚地表明，企业之间的竞争不再局限于谁吃掉谁的问题，而是比谁的速度快。速度快的鱼能抢先抢到最好的资源，获得最好的回报，而那些动作慢的鱼则会慢慢饿死。

竞争已进入全新的时代，企业过去赢得竞争优势的方式，如成本、质量、技术等，很难再取得绝对优势，代之而起的是一种不断变化的赢得和维持竞争优势的全新方式——充分利用速度这一战略武器，在竞争中对市场做出快速反应。

今天美国新技术产业竞争的法宝也是速度。不仅小企业有天然的速度优势，大企业也拼命追求速度。没有速度，规模就是障碍，有了速度，规模就是更大的力量。

企业追求速度，在战术层面上，意味着要用信息技术改造价值链，用速度实现成本的有效性；在战略规划的层面上，意味着企业要在执行过程中制定战略，而不是先订战略后执行；而在对质量的理解上，以速度为中心的质量观强调要从静态质量走向动态质量，认为对质量的持续改善比质量本身更重要。

满足顾客需要已经远远不够，现在要的是更快地满足顾客需要。

速度战略的关键在于压缩过程所需要的时间——制造过程、批发过程和销售过程等。表现在制造业，首先且关键是要压缩开发、制造、销售或服务的时间，尤其是推出新产品的时间。这体现在具体事情上的是：从接受订单到制造产品和发货、回答客户提问，以及努力使开发周期压缩。

据有关研究，从生产到将产品送到消费者手中，有效过程用去的时间不到实际花费时间的5％，其余95％的时间都没有增值。这些无效时间正好为时间战略的实施提供了挖潜的广阔空间。因而其实施的基本思路是：增加增值的时间，缩短不增值的时间。实际上，压缩时间就意味着加速资产流转、提高产量、增强机动性和满足消费者需要的能力。

作为战略武器，速度与资金、生产率、质量甚至创新同等重要。速度战略是赢得竞争优势的下一个源泉。不仅能降低成本，而且有助于拓宽产品系列，覆盖更大范围的市场，从而闪电般包抄动作迟缓的竞争对手。速度已成为竞争中占据领先地位的关键；资源竞争已被发展速度的竞争所代替。

因此，了解全球市场和技术突破的不断变化并为企业所用，不断提高自身对市场和技术的反应速度，就变得非常重要。

速度制胜的含义是，企业的决策要快，这就要求企业建立一种扁平化的、层级较少的管理体系；企业的创新速度要快，这就要求企业建立一套灵敏的市场快速反应系统；企业的制造速度要快，这就要求企业规模制造的水平要高；企业的销售速度要快，这就要求企业建立一套快速的市场营销网络。

速度跟上了，假设原来1小时的效益是1元，现在变成了2元、4元，规模效益就体现出来了。而且，快速的企业流程运转会使企业及员工的注意力更集中、潜能也更容易发挥。

实施速度战略，不是仅仅为了追求"快"，相反，必须始终牢记两个重要原则：一是实施速度制胜的消费者导向；二是"快速反应"必须符合行业规律以及企业自身的具体情况。

所谓消费者导向，是指在强调对市场快速反应的同时，切记"仅仅快是不够的"，要避免将速度当作唯一重要的任务。在追求速度的同时还需要消费者导向，如果没有人买我们的产品，再快也无济于事。实际上，速度战略要求"要快，还要好，以满足消费者为中心"。如果快捷就是手忙脚乱，肯定不会有好结果。所以，必须做到既快又方向准确、方式对头，在快速的同时始终坚持质量意识，满足消费者的需要。

不同的行业和企业有不同的速度要求，企业对市场反应的快速程度要适应行业特有的特征和发展规律以及自身的适应性，即在快速的同时还要谨记"量体裁衣"的道理，不要盲目追求无规则的快速。三株、巨人、秦池等企业就是因为一味追求企业快速发展而导致最终崩溃的。